2021 年版全国一级造价工程师职业资格考试
考点精析口袋书系列

建设工程技术与计量
（安装工程）
考点精析口袋书

天津理工大学造价工程师培训中心

陈丽萍　　主编

U0159881

中国建材工业出版社

图书在版编目（CIP）数据

建设工程技术与计量（安装工程）考点精析口袋书/
陈丽萍主编．--北京：中国建材工业出版社，2021.7
（2021年版全国一级造价工程师职业资格考试考点精
析口袋书系列）
ISBN 978-7-5160-3234-3

Ⅰ.①建… Ⅱ.①陈… Ⅲ.①建筑安装－建筑造价管
理－资格考试－自学参考资料 Ⅳ.①TU723.3

中国版本图书馆CIP数据核字（2021）第111586号

建设工程技术与计量（安装工程）考点精析口袋书
Jianshe Gongcheng Jishu yu Jiliang（Anzhuang Gongcheng）
Kaodian Jingxi Koudaishu
主编 陈丽萍
出版发行：中国建材工业出版社
地　　址：北京市海淀区三里河路1号
邮　　编：100044
经　　销：全国各地新华书店
印　　刷：北京雁林吉兆印刷有限公司
开　　本：850mm×1168mm　　1/32
印　　张：5.625
字　　数：150千字
版　　次：2021年7月第1版
印　　次：2021年7月第1次
定　　价：28.00元

序

造价工程师职业资格制度伴随着我国社会主义市场体制的提出而建立，并随着市场化、"放管服"改革而深化与完善。截止到 2020 年年底，全国共有逾 25 万从业人员获得了一级造价工程师职业资格，成为工程建设管理中一支不可或缺的专业力量。

2020 年《住房和城乡建设部办公厅关于印发工程造价改革工作方案的通知》（建办标〔2020〕38 号）及 2021 年《国务院关于深化"证照分离"改革进一步激发市场主体发展活力的通知》（国发〔2021〕7 号）（此通知中取消了工程造价咨询企业甲、乙级资质认定）的颁发意味着工程造价行业市场化改革的不断深化，也为未来造价工程师的职能定位提出了新的要求：参与项目决策，加强投资管控；优化设计方案和施工组织方案，满足委托人利益诉求；进行招标策划，加强合同管理；加强工程价款管理，提升项目价值；发挥专业能力，提供工程经济鉴证。与此同时，新的项目类型、新的建设方式、新的建设领域、新的建设技术不断涌现，对造价工程师提出了更高的知识要求。

2021 年版造价工程师考试教材就是在这样的发展背景下进行修订的，重点体现《工程造价改革工作方案》中"改进工程计量和计价规则、完善工程计价依据发布机制、加强工程造价数据积累、强化建设单位造价管控责任、严格施工合同履约管理"等主要任务。尤其是其中"取消最高投标限价按定额计价的规定，逐步停止发布预算定额"的要求对建设工程造价管理工作产生了重要的影响。造价工程师教材的修订势必给广大考生应考带来更大的困难。由于工程造价从业人员的工作特殊性，广大考生的复习时间碎片化现象比较严重，学习效率较低，知识系统性不足。在历年复习备考中，大量考生会陷入背完忘、忘完背、背完再忘的循环，虽然复习备考投入精力很大，但效果并不理想。今年的教材修订进一步加大复习备考的难度，亟须考生对考试教材有系统结构性掌握，以取得良好的复习效果。

天津理工大学造价工程师培训中心的一线教学团队专注于授课和编写辅导教材多年，对学习规律和重难点分析把握非常准确，此次中国建材工业出版社联合天津理工大学造价工程师培训中心出版的《2021年版全国一级造价工程师职业资格考试考点精析口袋书系列》作为一种创新型的考试辅导用书，契合了造价工程师考试知识点多、系统庞杂与考生复习备考缺乏连续性、整体性时间的特点。在写法上通过"主要知识点及考核要点、要点释义、经典题型"三个层次为考生搭建系统的知识结构，其中主要知识点及考核要点是教学团队多年的经验总结，概括性强、描述准确、覆盖面广。考生在对知识点系统了解的基础上，完全可以利用工作之余的碎片化时间对各知识点进行深入学习、分析和掌握，从而夯实基础，强化应试能力。系列书小开本印刷的方式也方便考生携带与翻阅。

相信在《2021年版全国一级造价工程师职业资格考试考点精析口袋书系列》帮助下，诸位考生一定会取得理想的结果，能够在更高的职业平台上为祖国的工程建设事业贡献自己的力量！

2021年6月18日

前　　言

　　《2021年版全国一级造价工程师职业资格考试考点精析口袋书系列》由天津理工大学造价工程师培训中心一线教学名师编写。针对一级造价工程师考试备考时间紧、压力大的现实情况，依据最新版考试大纲和考试教材，集合行业、培训优势与教学、科研经验，将经过高度凝练、整合、总结的高频考点，通过简单明了的编排方式呈现出来，以满足考生高效备考的需求。

　　全书在编写过程中力求将复习内容抽丝剥茧，在教师多年教学和培训的基础上开发出全新体系。全书通过主要知识点及考核要点、要点释义、经典题型三个层次，为考生搭建系统、清晰的知识架构，对各门课程的核心考点、考题设计等进行全面的梳理和剖析，使考生能够站在系统、整体的角度把控考试内容。通过真题及模拟自测题，使考生能够夯实基础，强化应试能力。此外，全书针对主要知识点及考核要点，通过图表、口诀、对比分析等方法帮助考生快速准确掌握。本书采用小开本印刷，辅以线上交流平台，使考生充分利用碎片化时间，高效完成备考工作。

　　《全国一级造价工程师职业资格考试考点精析口袋书系列》各分册主编人员如下：

　　《建设工程计价考点精析口袋书》柯洪

　　《建设工程造价管理考点精析口袋书》杨强

　　《建设工程造价案例分析考点精析口袋书》陈江潮

　　《建设工程技术与计量（土木建筑工程）考点精析口袋书》李毅佳

　　《建设工程技术与计量（安装工程）考点精析口袋书》陈丽萍

　　2021年全国一级造价工程师考试在即，编者愿以此书伴君同行。祝各位考生顺利通关！

本系列图书在编写、出版过程中，得到了诸多专家学者的指点帮助，在此表示衷心感谢！由于时间仓促、水平有限，虽经仔细推敲和多次校核，书中难免出现纰漏和瑕疵，敬请广大考生、读者批评和指正。

编　者

2021 年 6 月

增值服务

凡使用中国建材工业出版社正版《2021年版全国一级造价工程师职业资格考试考点精析口袋书系列》的考生，均可加入天津理工大学造价工程师培训中心一线教学名师团队的线上交流平台。

《建设工程技术与计量（安装工程）考点精析口袋书》备考QQ群：

① 695642704 ② 695041665 ③ 443114643 ④ 462815306

（①群满员后请加②群，以此类推）

考生备考过程所涉及本书内容的问题，均有相关老师定期在备考 QQ 群中答疑。

目　录

第一章 安装工程材料

第一节 建设工程材料

一、主要知识点及考核要点

序号	知识点	考核要点
1	钢的分类和用途	钢中化学元素碳、硅、锰、硫、磷对钢材性能的影响
2	工程中常用钢及其合金的性能和特点	区分普通碳素结构钢、优质碳素结构钢、普通低合金钢、优质低合金钢的性能、特点、用途
3	不锈耐酸钢的性能和特点	区分铁素体、马氏体、奥氏体、铁素体加奥氏体和沉淀硬化型不锈钢的性能、特点、用途
4	影响铸铁性能的因素	区分铸铁和钢的特点,掌握影响铸铁性能的因素
5	工程中常用铸铁的性能和特点	区分不同铸铁的性能和特点
6	工程中常用有色金属的性能和特点	区分不同有色金属的性能和特点
7	耐火砌体材料	区分各种耐火砌体材料的性能、特点和用途
8	耐热保温	区分耐热保温材料的特点和用途
9	绝热材料	区分绝热材料的类别
10	耐蚀(酸)非金属材料	耐蚀(酸)非金属材料的性能和用途
11	热塑性塑料	热塑性塑料的性能、特点和用途

1

序号	知识点	考核要点
12	热固性塑料	热固性塑料的性能、特点和用途
13	复合材料 按基体类型分类	区分有机材料基复合材料与无机非金属材料基复合材料，区分热固性树脂基复合材料与热塑性树脂基复合材料
14	复合材料应用	区分不同复合材料的性能和用途

二、要点释义

1. 钢的分类和用途

钢中碳的含量对钢的性质有决定性影响，含碳量低，强度较低，但塑性大，延伸率和冲击韧性高，质地较软，易于冷加工、切削和焊接；含碳量高的钢材强度高（当含碳量超过 1.00％时，钢材强度开始下降）、塑性小、硬度大、脆性大和不易加工。硫、磷有害，含量较多就会严重影响钢材的塑性和韧性，磷使钢材显著产生冷脆性，硫则使钢材产生热脆性。硅、锰等为有益元素，能使钢材强度、硬度提高，塑性、韧性不显著降低。

2. 工程中常用钢及其合金的性能和特点

普通碳素结构钢。生产工艺简单，有良好的工艺性能（如焊接性能、压力加工性能等）、必要的韧性、良好的塑性以及价廉和易于大量供应，通常在热轧后使用。Q235 钢强度适中，有良好的承载性，较好的塑性和韧性，可焊性和可加工性也好，大量制作成钢筋、型钢和钢板，用于建造房屋和桥梁等；Q275 主要用于制造轴类、农具、耐磨零件和垫板。

优质碳素结构钢。含碳量小于 0.8％，钢中所含的硫、磷及非金属夹杂物比碳素结构钢少。与普通碳素结构钢相比，优质碳素结构钢塑性和韧性较高，并可通过热处理强化，多用于较重要的零件，是广泛应用的机械制造用钢。中碳钢强度和硬度较高，塑性和韧性较低，切削性能良好，但焊接性能较差，冷热变形能力良好，主要用于制造荷载较大的机械零件，常用的中碳钢为40钢、45钢和50钢。

普通低合金钢。比碳素结构钢具有较高的韧性，同时有良好的焊接性能、冷热压加工性能和耐蚀性，部分钢种还具有较低的脆性转变温度，用于制造各种容器、螺旋焊管、建筑结构。Q345具有综合力学性能、耐低温冲击韧性、焊接性能和冷热压加工性能良好的特性，可用于建筑结构、起重机械和鼓风机等。

优质低合金钢。广泛用于制造各种要求韧性高的重要机械零件和构件。当零件的形状复杂、截面尺寸较大、要求韧性较高时，可使零件的淬火变形和开裂倾向降到最小。

3. 不锈耐酸钢的性能和特点

铁素体型不锈钢。在硝酸和氮肥工业中广泛使用，缺点是钢的缺口敏感性和脆性转变温度较高，加热后对晶间腐蚀较为敏感。

马氏体型不锈钢。具有较高的强度、硬度和耐磨性，焊接性能不好。使用温度≤580℃的环境中可作为受力较大的零件和工具的制作材料。

奥氏体型不锈钢。具有较高的韧性、良好的耐蚀性、高温强度和较好的抗氧化性，以及良好的压力加工和焊接性能。但屈服强度低，且不能采用热处理方法强化，而只能进行冷变形强化。

铁素体-奥氏体型不锈钢。其屈服强度约为奥氏体型不锈钢的两倍，可焊性良好，韧性较高，应力腐蚀、晶间腐蚀及焊接时的热裂倾向均小于奥氏体型不锈钢。

沉淀硬化型不锈钢。耐蚀性优于铁素体型不锈钢，主要用于制造高强度和耐蚀的容器、结构和零件，也可用作高温零件。

4. 影响铸铁性能的因素

铸铁是含碳量大于2.11%的铁碳合金。铸铁与钢相比，碳、硅及杂质含量高。磷在耐磨铸铁中可提高其耐磨性。锰和硅都是铸铁中的重要元素，唯一有害的元素是硫。石墨形状对铸铁的韧性和塑性影响最大。基体组织是影响铸铁硬度、抗压强度和耐磨性的主要因素。

5. 工程中常用铸铁的性能和特点

灰铸铁。占铸铁总产量 80％以上。影响灰铸铁组织和性能的因素主要是化学成分和冷却速度。

球墨铸铁。综合机械性能接近于钢，铸造性能很好，成本低廉，生产方便，应用广泛。抗拉强度与钢相当，扭转疲劳强度甚至超过 45 钢，可制造某些重要零件，如曲轴、连杆和凸轮轴等，也可用于高层建筑室外进入室内给水的总管或室内总干管。

蠕墨铸铁。强度接近于球墨铸铁，具有一定的韧性和较高的耐磨性，良好的铸造性能和导热性。主要用于生产汽缸盖、汽缸套、钢锭模和液压阀等铸件。

可锻铸铁。具有较高的强度、塑性和冲击韧性，常用来制造形状复杂、承受冲击和振动荷载的零件，如管接头和低压阀门等。

6. 工程中常用有色金属的性能和特点

铝及铝合金密度小、比强度高、耐蚀性好、导电、导热、反光性能良好、磁化率极低、塑性好、易加工成型和铸造各种零件。

铜及铜合金有优良的导电性和导热性、较好的耐蚀性和抗磁性、优良减摩性和耐磨性、较高的强度和塑性、高的弹性极限和疲劳极限、易加工成型和铸造各种零件。

镍及镍合金可用于高温、高压、高浓度或混有不纯物等各种苛刻腐蚀环境，力学性能良好，塑性、韧性优良。广泛应用于化工、制碱等行业中的压力容器、换热器等。

钛在高温下化学活性极高，在大气中工作的钛及钛合金只在 540℃以下使用；钛具有良好的低温性能；常温下钛具有极好的抗蚀性能，在硝酸和碱液中稳定，但不耐氢氟酸腐蚀。

铅对硫酸、磷酸、铬酸和氢氟酸等具有良好的耐蚀性，但不耐硝酸、次氯酸、高锰酸钾、盐酸的腐蚀。机械性能不高，自重大。

镁及镁合金密度小、化学活性强、强度低。比强度和比刚度可以与合金结构钢相媲美，能承受较大的冲击、振动荷载，并有良好的机械加工性能和抛光性能。但耐蚀性较差、缺口敏感性大、熔铸工艺复杂。

7. 耐火砌体材料的性能、特点和用途

酸性耐火材料。以硅砖和黏土砖为代表。硅砖抗酸性炉渣侵蚀能力强，但易受碱性渣的侵蚀，软化温度高，接近其耐火度，重复煅烧后体积不收缩，甚至略有膨胀，抗热震性差。黏土砖抗热震性能好。

中性耐火材料。以高铝质制品为代表，铬砖抗热震性差。碳质制品是另一类中性耐火材料，碳质制品热膨胀系数很低，导热性高，耐热震性能好，高温强度高，在高温下长期使用不软化，不受任何酸碱侵蚀，有良好的抗盐性能，不受金属和熔渣的润湿，质轻，是优质的耐高温材料。缺点是高温下易氧化，不宜在氧化氛围中使用。

碱性耐火材料。以镁质制品为代表。

8. 耐热保温材料

耐热保温材料又称为耐火隔热材料。常用的有硅藻土、蛭石、玻璃纤维（又称矿渣棉）、石棉，以及它们的制品。

硅藻土耐火隔热保温材料。目前应用最多、最广，具有气孔率高、耐高温及保温性能好、密度小等特点。硅藻土管广泛用于各种高温管道及其他高温设备的保温绝热部位。

硅酸铝耐火纤维形似棉花，用于锅炉、加热炉和导管等的耐火隔热材料。

9. 绝热材料

热力设备和管道保温用的多为无机绝热材料；低温保冷工程多采用有机绝热材料。

高温用绝热材料，使用温度可在 700℃以上。纤维质材料有硅酸铝纤维和硅纤维等；多孔质材料有硅藻土、蛭石加石棉和耐热黏合剂等制品。

中温用绝热材料，使用温度在 100～700℃之间。纤维质材料有石棉、矿渣棉和玻璃纤维等；多孔质材料有硅酸钙、膨胀珍珠岩、蛭石和泡沫混凝土等。

低温用绝热材料，用于温度在 100℃以下的保温或保冷工程中。多为有机绝热材料。

10. 耐蚀（酸）非金属材料

常用的非金属耐蚀材料有铸石、石墨、耐酸水泥、天然耐酸石材和玻璃等。

铸石具有极优良的耐磨性、耐化学腐蚀性、绝缘性及较高的抗压性能。耐磨性能比钢铁高十几倍至几十倍。耐化学腐蚀性高于不锈钢、橡胶、塑性材料及其他有色金属十倍到几十倍；但脆性大、承受冲击荷载能力低。在要求耐蚀、耐磨或高温条件下，当不受冲击震动时，铸石是钢铁的理想代用材料。

石墨具有高熔点（3700℃）、高度化学稳定性，极高的导热性。在高温下有高的机械强度，温度增加时石墨的强度随之提高。石墨在中性介质中有很好的热稳定性，急剧变温不会炸裂破坏，常用来制造传热设备。石墨除了强氧化性酸（如硝酸、铬酸、发烟硫酸和卤素）之外，在所有的化学介质中都很稳定，甚至在熔融的碱中也很稳定。

不透性石墨是由人造石墨浸渍酚醛或呋喃树脂而成。导热性优良、温差急变性好、易于机械加工、耐腐蚀性好。缺点是机械强度较低、价格较贵。

11. 热塑性塑料

聚丙烯（PP）。具有质轻、不吸水，介电性、化学稳定性和耐热性良好，力学性能优良的特点。但是耐光性能差，易老化，低温韧性和染色性能不好。使用温度为－30～100℃。

聚四氟乙烯俗称塑料王，具有非常优良的耐高、低温性能，可在－180～260℃范围内长期使用。几乎耐所有的化学药品，在侵蚀性极强的王水中煮沸也不起变化，摩擦系数极低，不吸水、电性能优异，是目前介电常数和介电损耗最小的固体绝缘材料。缺点是强度低、冷流性强。

聚苯乙烯。具有极高的透明度，电绝缘性能好，刚性好及耐化学腐蚀。但性脆，冲击强度低，易出现应力开裂，耐热性差及不耐沸水。聚苯乙烯泡沫塑料是目前使用最多的一种缓冲材料。

ABS 树脂。具有"硬、韧、刚"的混合特性，综合机械性能良好，尺寸稳定，容易电镀和易于成型，耐热和耐蚀性较好，在－40℃的低温下仍有一定的机械强度。

12. 热固性塑料

酚醛树脂俗称电木粉。耐弱酸和弱碱，耐高温性好，即使在非常高的温度下，也能保持其结构的整体性和尺寸的稳定性；燃烧产生的烟量相对较少，毒性相对较低。适用于公共运输和安全要求非常严格的领域，如矿山工程、防护栏和建筑业。

环氧树脂强度较高、韧性较好、尺寸稳定性高、耐久性好，具有优良的绝缘性能，耐热、耐寒，可在－80～155℃温度范围内长期工作；化学稳定性很高，成型工艺性能好，也是很好的胶粘剂。

呋喃树脂。能耐强酸、强碱和有机溶剂腐蚀，并能适用于其中两种介质的结合或交替使用的场合。是耐热性能最好的树脂之一，具有良好的阻燃性，燃烧时发烟少。缺点是固化工艺不如环氧树脂和不饱和树脂那样方便，不耐强氧化性介质。特别适用于农药、人造纤维、染料、纸浆和有机溶剂的回收以及废水处理系统等工程。

不饱和聚酯树脂。工艺性能优良，可在室温下固化成型，施工方便，特别适合于大型和现场制造玻璃钢制品。

13. 复合材料按基体类型分类

有机材料基复合材料包括高分子基和木质基复合材料；无机非金属材料基复合材料包括陶瓷基、水泥基和碳基复合材料。

热固性树脂基复合材料包括不饱和聚酯树脂基、环氧树脂基、酚醛树脂基、聚氨酯树脂基和有机硅树脂基复合材料；热塑性树脂基复合材料包括聚丙烯基和聚四氟乙烯基复合材料。

14. 复合材料应用

塑料-钢复合材料。主要是由聚氯乙烯塑料膜与低碳钢板复合而成，化学稳定性好，耐酸、碱、油及醇类侵蚀，耐水性好；塑料与钢材间的剥离强度≥20MPa；深冲加工时不剥离，冷弯120°不分离开裂；绝缘性能和耐磨性能良好；具有低碳钢的冷加工性能；在 -10～60℃ 之间可长期使用，短时间使用可耐120℃。

塑料-铝合金复合材料。耐压、抗破裂性能好、质量轻，具有一定的弹性、耐温性能好、防紫外线、抗热老化能力强、耐腐蚀性优异，常温下不溶于任何溶剂，且隔氧、隔磁、抗静电、抗音频干扰。

三、经典题型

1.【2018-1】钢中的碳含量对钢的性质有决定性影响，含碳量低的钢材强度较低，但（　　）。

A. 塑性小、质地较软

B. 延伸率和冲击韧性高

C. 不易进行冷加工、切削和焊接

D. 当含碳量超过 1.00％时，钢材强度开始上升

【答案】B

【解析】见要点释义1。

2.【2015-3】某种钢材，其塑性和韧性较高，可通过热处理强化，多用于制作较重要的、荷载较大的机械零件，是广泛应用的机械制造用钢。此种钢材为（　　）。

A. 普通碳素结构钢　　　　B. 优质碳素结构钢

C. 普通低合金钢　　　　　D. 奥氏体型不锈钢

【答案】B

【解析】见要点释义 2。

3.【2017-41】铁素体-奥氏体型不锈钢和奥氏体型不锈钢相比具有的特点有（　　　）。

A. 其屈服强度为奥氏体型不锈钢的两倍

B. 应力腐蚀小于奥氏体型不锈钢

C. 晶间腐蚀小于奥氏体型不锈钢

D. 焊接时的热裂倾向大于奥氏体型不锈钢

【答案】ABC

【解析】见要点释义 3。

4.【模拟题】对于钛及钛合金性能，描述正确的是（　　　）。

A. 良好的低温性能　　　　　　　　B. 耐硝酸和碱溶液腐蚀

C. 耐氢氟酸腐蚀　　　　　　　　　D. 焊接性能好

【答案】AB

【解析】见要点释义 6。

5.【模拟题】具有极高的透明度，电绝缘性能好，刚性好及耐化学腐蚀。但性脆，冲击强度低，易出现应力开裂，耐热性差及不耐沸水，该热塑性塑料是（　　　）。

A. 聚丙烯　　　　　　　　　　　　B. 聚四氟乙烯

C. 聚苯乙烯　　　　　　　　　　　D. ABS 树脂

【答案】C

【解析】见要点释义 11。

第二节　安装工程常用材料

一、主要知识点及考核要点

序号	知识点	考核要点
1	焊接钢管	区分不同焊接钢管的用途，计算钢管理论重量
2	有色金属管	区分不同有色金属管的特点、性能和用途

续表

序号	知识点	考核要点
3	塑料管	区分不同塑料管的性能、特点和用途
4	按焊条药皮熔化后的熔渣特性分类	区分酸性焊条与碱性焊条的性能、特点和用途
5	常用涂料	各类型漆的性能、特点和用途

二、要点释义

1. 焊接钢管

双层卷焊钢管具有高的爆破强度和内表面清洁度，有良好的耐疲劳抗震性能。适于汽车和冷冻设备、电热电器工业中的刹车管、燃料管、润滑油管、加热或冷却器。

钢管的理论重量（钢的密度为 $7.85g/cm^3$）按下式计算：

$$W=0.0246615 \times (D-t) \times t$$

式中：W——钢管的单位长度理论重量（kg/m）；

D——钢管的外径（mm）；

t——钢管的壁厚（mm）。

2. 有色金属管

铅管耐蚀性能强，用于输送 $15\%\sim65\%$ 的硫酸、60% 的氢氟酸等，但不能输送硝酸、次氯酸、高锰酸钾和盐酸。铅管最高工作温度为 $200℃$，当温度高于 $140℃$ 时，不宜在压力下使用。铅管的机械性能不高，自重大。

铜管的导热性能良好，适用工作温度在 $250℃$ 以下，多用于制造换热器、低温管道、保温伴热管和氧气管道等。

铝管输送的介质操作温度在 $200℃$ 以下，当温度高于 $160℃$ 时，不宜在压力下使用。铝管质量轻，不生锈，机械强度较差，不能承受较高的压力，常用于输送浓硝酸、脂肪酸、过氧化氢、硫化氢等。不耐碱及含氯离子的化合物，如盐水和盐酸等介质。

钛管质量轻、强度高、耐腐蚀性强、耐低温，常用于输送强酸、强碱及其他材质管道不能输送的介质。钛管价格昂贵，焊接难度大。

3. 塑料管

硬聚氯乙烯管耐腐蚀性强、质量轻、绝热、绝缘性能好、易加工安装。可输送多种酸、碱、盐和有机溶剂。使用温度范围−10～40℃，最高温度不能超过 60℃。

氯化聚氯乙烯管道是现今新型的输水管道。与其他塑料管材相比具有刚性高、耐腐蚀、阻燃性能好、导热性能低、热膨胀系数低及安装方便等特点。

聚乙烯管。无毒、质量轻、韧性好、可盘绕，耐腐蚀，在常温下不溶于任何溶剂，低温性能、抗冲击性和耐久性均比聚氯乙烯好。一般适宜于压力较低的工作环境，耐热性能不好，不能作为热水管使用。

超高分子量聚乙烯管。耐磨性为塑料之冠，断裂伸长率可达410%～470%，管材柔性、抗冲击性能优良，低温下能保持优异的冲击强度，抗冻性及抗振性好，摩擦系数小，具有自润滑性，耐化学腐蚀，热性能优异，可在−169～110℃下长期使用，适合于寒冷地区。

交联聚乙烯管。耐温范围广（−70～110℃）、耐压、化学性能稳定、抗蠕变强度高、质量轻、流体阻力小、能够任意弯曲安装简便、使用寿命达 50 年之久。无味、无毒。适用于建筑冷热水管道、供暖管道、雨水管道、燃气管道以及工业用的管道等。

无规共聚聚丙烯管（PP-R 管）。是最轻的热塑性塑料管，具有较高的强度，较好的耐热性，最高工作温度可达 95℃，在1.0MPa 下长期（50 年）使用温度可达 70℃，其低温脆化温度仅为−15～0℃，在北方地区不能用于室外。每段长度有限，且不能弯曲施工。

聚丁烯管具有很高的耐久性、化学稳定性和可塑性，质量轻，柔韧性好，用于压力管道时耐高温特性尤为突出（−30～

100℃），抗腐蚀性能好、可冷弯、使用安装维修方便、寿命长（可达 50～100 年），适于输送热水。但紫外线照射会导致老化，易受有机溶剂侵蚀。

工程塑料管。目前广泛用于中央空调、纯水制备和水处理系统中的各用水管道，要求介质温度<60℃。

4. 按焊条药皮熔化后的熔渣特性分类

酸性焊条。熔渣的成分主要是酸性氧化物。焊接过程中产生烟尘较少，有利于焊工健康，价格比碱性焊条低，可选用交流焊机。酸性焊条促使合金元素氧化；对铁锈、水分不敏感，焊缝很少产生氢气孔。但酸性熔渣脱氧不完全，不能有效地清除焊缝的硫、磷等杂质，焊缝的金属的力学性能较低，一般用于焊接低碳钢和不太重要的碳钢结构。

碱性焊条。熔渣的主要成分是碱性氧化物（如大理石、萤石等）。焊条的脱氧性能好，合金元素烧损少，焊缝金属合金化效果较好。遇焊件或焊条存在铁锈和水分时，容易出现氢气孔。碱性焊条的熔渣脱氧较完全，又能有效地消除焊缝金属中的硫，合金元素烧损少，焊缝金属的力学性能和抗裂性均较好，可用于合金钢和重要碳钢结构的焊接。

5. 常用涂料

涂料类型	耐酸	耐碱	耐强氧化剂	附着力	备注
生漆	√	×	×	强	耐溶剂。漆膜干燥时间较长、毒性较大，地下管道、纯碱系统应用
漆酚树脂漆	○	○	○	○	适用于大型快速施工，广泛用于化肥、氯碱生产、地下防潮防腐
酚醛树脂漆	√	×	×	差	漆膜脆，与金属附着力较差
环氧-酚醛漆	√	√	○	强	热固性涂料
环氧树脂涂料	√	√	○	极好	漆膜好

涂料类型	耐酸	耐碱	耐强氧化剂	附着力	备注
过氯乙烯漆	√	○	○	差	不耐有机溶剂、不耐光、不耐磨、不耐强烈机械冲击。与金属表面附着力不强，特别是光滑表面和有色金属表面更为突出，有漆膜揭皮现象
沥青漆	○	√	×	○	不耐有机溶剂，埋地使用
呋喃树脂漆	√	√	×	差	耐有机溶剂。不宜直接涂覆在金属或混凝土表面。须底漆（如环氧树脂底漆、生漆和酚醛树脂清漆），漆膜性脆，与金属附着力差
聚氨基甲酸酯漆	○	○	○	好	新型漆。良好的耐蚀、耐油、耐磨。漆膜韧性和电绝缘性均好
无机富锌漆	○	○	○	○	船漆，需涂面漆（环氧-酚醛漆、环氧树脂漆、过氯乙烯漆。面漆不少于2层）
聚氨酯漆	√	○	○	○	混凝土构筑物表面防腐。耐盐、酸、稀释剂。施工方便、无毒、造价低
环氧煤沥青	√	√	○	好	机械强度高、黏结力大、耐化学介质侵蚀、耐腐蚀，广泛用于城市给水管道、煤气管道以及炼油厂、化工厂、污水处理厂等设备、管道的防腐处理
三聚乙烯防腐涂料	○	○	○	○	经熔融混炼造粒而成，具有良好的机械强度、电性能、抗紫外线、抗老化和抗阳极剥离等性能，防腐寿命可达到20年以上
氟－46涂料	√	√	√	好	特别适用于耐候性高的桥梁或化工设施

说明：√表示可以耐此类腐蚀，×表示不耐，○表示不做出判断

13

三、经典题型

1.【2020-7】具有较高的强度、耐热性，最高工作温度可达95℃，在1.0MPa下长期（50年）使用温度可达70℃，无毒，耐化学腐蚀，常温下无任何溶剂能溶解，广泛地用在冷热水供应系统中的管材为（　　）。

A. 聚氯乙烯管　　　　　　B. 聚乙烯管

C. 无规共聚聚丙烯管　　　D. 工程塑料管

【答案】C

【解析】见要点释义3。

2.【2016-4】与碱性焊条相比，酸性焊条的使用特点为（　　）。

A. 对铁锈、水分不敏感

B. 能有效清除焊缝中的硫、磷等杂质

C. 焊缝的金属力学性能较好

D. 焊缝中有较多由氢引起的气孔

【答案】A

【解析】见要点释义4。

3.【2017-7】酚醛树脂漆、过氯乙烯漆及呋喃树脂漆在使用中，其共同的特点为（　　）。

A. 耐有机溶剂介质的腐蚀　　B. 具有良好耐碱性

C. 既耐酸又耐碱腐蚀　　　　D. 与金属附着力差

【答案】D

【解析】见要点释义5。

4.【模拟题】具有高的爆破强度和内表面清洁度，有良好的耐疲劳抗震性能。适于汽车和冷冻设备、电热电器工业中的刹车管、燃料管、润滑油管、加热或冷却器的是（　　）。

A. 直缝电焊钢管　　　　　B. 单面螺旋缝钢管

C. 双面螺旋缝钢管　　　　D. 双层卷焊钢管

【答案】D

【解析】见要点释义1。

5.【模拟题】可用于输送浓硝酸、强碱等介质，但焊接难度大的有色金属管是（　　）。

A. 铅及铅合金管　　　　　　B. 铜及铜合金管

C. 铝及铝合金管　　　　　　D. 钛及钛合金管

【答案】D

【解析】见要点释义 2。

第三节　安装工程常用管件和附件

一、主要知识点及考核要点

序号	知识点	考核要点
1	法兰按连接方式分类	不同连接方式法兰的特点和用途
2	管道法兰按密封面形式分类	不同密封面法兰的特点和用途
3	垫片	垫片的性能、特点和用途
4	各种阀门的结构及选用特点	区分各种阀门的结构及选用特点
5	套管	套管的使用特点和用途
6	人工补偿器	补偿器的特点和用途

二、要点释义

1. 法兰按连接方式分类

对焊法兰又称高颈法兰。主要用于工况比较苛刻的场合，如管道热膨胀或其他载荷而使法兰处受的应力较大，或应力变化反复的场合；压力、温度大幅度波动的管道和高温、高压及零下低温的管道。

松套法兰俗称活套法兰，分为焊环活套法兰，翻边活套法兰和对焊活套法兰，多用于铜、铝等有色金属及不锈钢管道上。法兰可以旋转，易于对中螺栓孔，在大口径管道上易于安装，适用于管道需要频繁拆卸以供清洗和检查的地方。其法兰

15

附属元件材料与管道材料一致，而法兰材料可与管道材料不同，比较适合于输送腐蚀性介质的管道。松套法兰仅适用于低压管道的连接。

2. 管道法兰按密封面形式分类

榫槽面型。垫片比较窄，压紧垫片所需的螺栓力较小。安装时易对中，垫片受力均匀，密封可靠，垫片很少受介质的冲刷和腐蚀。适用于易燃、易爆、有毒介质及压力较高的重要密封。更换垫片困难，法兰造价较高。榫面部分容易损坏。

O形圈面型。较新的法兰连接形式，通过"自封作用"实现挤压型密封。O形圈截面尺寸都很小、质量轻，消耗材料少，使用简单，安装、拆卸方便，具有良好的密封能力，压力使用范围很宽，静密封工作压力可达100MPa以上。

环连接面型。在法兰的突面上开出一环状梯形槽作为法兰密封面，专门与金属环形垫片（八角形或椭圆形的实体金属垫片）配合。密封面的密封性能好，对安装要求不太严格，适合于高温、高压工况，但密封面的加工精度较高。

3. 垫片

金属缠绕垫片属于半金属垫片。压缩、回弹性能好，具有多道密封和一定的自紧功能，对于法兰压紧面的表面缺陷不太敏感，不粘接法兰密封面，容易对中，拆卸便捷。能在高温、低压、高真空、冲击振动等循环交变的各种苛刻条件下，保持其优良的密封性能。

齿形垫片有多道密封环，密封性能较好，使用周期长，常用于凹凸式密封面法兰的连接。每次更换垫片时都要对两法兰密封面进行加工，费时费力。垫片使用后容易留下压痕，一般用于较少拆卸的部位。

环形金属垫片是用金属材料加工成截面为八角形或椭圆形的实体金属垫片，具有径向自紧密封作用，与环连接面型法兰配合使用。金属环形垫片是靠与法兰梯槽的内外侧面（主要是外侧面）接触，并通过压紧而形成密封的。

4. 各种阀门的结构及选用特点

截止阀主要用于热水供应及高压蒸汽管路中，严密性较高。安装时要注意流体"低进高出"，方向不能装反。结构比闸阀简单，制造、维修方便，可以调节流量，流动阻力大，不适用于带颗粒和黏性较大的介质。

闸阀广泛用于冷、热水管道系统中。闸阀和截止阀相比，启闭省力，水流阻力较小。闸板与阀座之间密封面易受磨损，严密性较差；不完全开启时，水流阻力较大。闸阀一般只作为截断装置，不宜用于需要调节大小和启闭频繁的管路上。闸阀无安装方向。闸阀密封性能好，流体阻力小，开启、关闭力较小，有调节流量的作用，并且能从阀杆的升降高低看出阀的开度大小，主要用在一些大口径管道上。

蝶阀适合安装在大口径管道上。结构简单、体积小、质量轻，由少数几个零件组成，旋转90°即可快速启闭，操作简单。流体阻力小，具有良好的流量控制特性。

球阀在管道上主要用于切断、分配和改变介质流动方向，设计成 V 形开口的球阀还具有良好的流量调节功能。球阀结构紧凑、密封性能好、结构简单、体积较小、质量轻、材料耗用少、安装尺寸小、驱动力矩小、操作简便、易实现快速启闭和维修方便，适用于水、溶剂、酸和天然气等一般工作介质，还适用于工作条件恶劣的介质，如氧气、过氧化氢、甲烷和乙烯等，且特别适用于含纤维、微小固体颗料等介质。

5. 套管

柔性套管和刚性套管用填料密封，适用于穿过水池壁、防爆车间的墙壁等。

管筒式防火套管。适合保护较短或较平直的管线，电缆保护，汽车线束，发电机组中常用，安装后牢靠，不易拆卸，密封、绝缘、隔热、防潮的效果较好。

缠绕式防火套管。主要用于阀门、弯曲管道等不规则被保护物的高温防护，如天然气管道、暖气管道等。

搭扣式防火套管。拆装方便，安装时不需要停用设备，拆开缆线等，只需将套管从中间黏合即可起到密封绝缘的作用，不影响设备生产而且节省安装时间。大型冶炼设备中常用，金属高温软管中也有使用。

6. 人工补偿器的特点和用途

方形补偿器。制造容易，运行可靠，维修方便，补偿能力大，轴向推力小，但是占地面积较大。

填料式补偿器又称套筒式补偿器。安装方便，占地面积小，流体阻力较小，补偿能力较大。缺点是轴向推力大，易漏水漏汽，需经常检修和更换填料。如管道变形有横向位移时，易造成填料圈卡住。主要用在安装方形补偿器时空间不够的场合。

波形补偿器只用于管径较大、压力较低的场合。结构紧凑，只发生轴向变形，与方形补偿器相比占据空间位置小。缺点是制造比较困难、耐压低、补偿能力小、轴向推力大。其补偿能力与波形管的外形尺寸、壁厚、管径大小有关。

球形补偿器主要依靠球体的角位移来吸收或补偿管道一个或多个方向上横向位移，该补偿器应成对使用，单台使用没有补偿能力，但可作管道万向接头使用。球形补偿器具有补偿能力大，流体阻力和变形应力小，且对固定支座的作用力小等特点。球形补偿器用于热力管道中，补偿热膨胀能力为一般补偿器的 $5 \sim 10$ 倍；用于冶金设备的汽化冷却系统中，可作万向接头用；用于建筑物的各种管道中，可防止因地基产生不均匀下沉或震动等意外原因对管道产生的破坏。

三、经典题型

1. 【2018-9】O 形圈面型是一种较新的法兰连接形式，除具有"自封作用"外，其使用特点还有（　　）。

　A. 截面尺寸小、重量轻

　B. 使用简单，但安装拆卸不方便

　C. 压力使用范围较窄

D. 是一种非挤压型密封

【答案】A

【解析】见要点释义2。

2.【2019-9】在管道上主要用于切断、分配和改变介质流动方向，设计成 V 形开口还具有良好的流量调节功能。适用于一般工作介质、工作条件恶劣的介质，且特别适用于含纤维、微小固体颗料等介质的阀门是（　　）。

A. 疏水阀　　　　B. 球阀　　　　C. 安全阀　　　　D. 蝶阀

【答案】B

【解析】见要点释义4。

3.【2018-8】填料式补偿器安装方便、占地面积小，但管道变形有横向位移时，易造成填料圈卡住。其性能和特点还有（　　）。

A. 严密性好，无需经常更换填料

B. 轴向推力小，有单向调节和双向调节两种

C. 流体阻力较小，补偿能力较大

D. 钢制填料补偿器适用于压力＞1.6MPa 的热力管道

【答案】C

【解析】铸铁补偿器的适用于压力在 1.3MPa 以下的管道，钢制的补偿器适用压力不超过 1.6MPa 的热力管道上，其形式有单向和双向两种。其余见要点释义6。

4.【模拟题】对于松套法兰的特点和性能描述正确的是（　　）。

A. 多用于铜、铝等有色金属及不锈钢管道上

B. 用于工况比较苛刻的场合

C. 法兰与管子材料必须一致

D. 大口径上易于安装

【答案】AD

【解析】见要点释义1。

5.【模拟题】具有多道密封环，常用于凹凸式密封面法兰的连接，垫片使用后容易在法兰密封面上留下压痕，一般用于较少

拆卸部位的垫片是（　　）。

A. 塑料垫片　　　　　　　B. 金属缠绕式垫片

C. 齿形金属垫片　　　　　D. 金属环形垫片

【答案】C

【解析】见要点释义 3。

第四节　常用电气和通信材料

一、主要知识点及考核要点

序号	知识点	考核要点
1	衍生电缆特性	衍生电缆的性能和用途
2	几种常用电缆	常用电缆的性能、特点和用途
3	控制电缆	控制电缆与电力电缆的区分
4	通信光缆	多模光纤与单模光纤的性能、特点和用途
5	双绞线	屏蔽双绞线与非屏蔽双绞线的区别
6	同轴电缆	同轴电缆的性能、特点和用途

二、要点释义

1. 衍生电缆特性

耐火电缆。与一般电缆相比，具有优异的耐火耐热性能，适用于高层及安全性能要求高的场所的消防设施。耐火电缆与阻燃电缆的主要区别是耐火电缆在火灾发生时能维持一段时间的正常供电，而阻燃电缆不具备这个特性。耐火电缆主要使用在应急电源至用户消防设备、火灾报警设备、通风排烟设备、疏散指示灯、紧急电源插座、紧急用电梯等供电回路。

2. 几种常用电缆

VV 型：铜芯聚氯乙烯绝缘聚氯乙烯护套电力电缆。价格便宜，物理机械性能较好，挤出工艺简单，但绝缘性能一般。大量用来制造 1kV 及以下的低压电力电缆。该电缆长期工作温度不超过 70℃，电缆导体的最高温度不超过 160℃，短路最长持续时间不超过 5s，施工敷设最低温度不得低于 0℃，最小弯曲半径不小于电缆直径的 10 倍。

YJV 型：铜芯交联聚乙烯绝缘电力电缆。电场分布均匀，没有切向应力，耐高温（90℃），与聚氯乙烯绝缘电力电缆截面相等时载流量大，质量轻，接头制作简便，无敷设高差限制，适宜高层建筑。是我国中、高压电力电缆的主导品种。

橡皮绝缘电力电缆。主要用于经常需要变动敷设位置的场合。

矿物绝缘电缆。适用于高温、腐蚀、核辐射、防爆等恶劣环境，也适用于工业、民用建筑的消防系统、救生系统等必须确保人身和财产安全的场合。可在高温下正常运行。

预制分支电缆。具有供电可靠、安装方便、占建筑面积小、故障率低、价格便宜、免维修维护等优点，广泛应用于电气竖井内垂直供电。

穿刺分支电缆。接头完全绝缘，耐用、耐扭曲、防震、防水、防腐蚀老化，安装简便可靠，可以在现场带电安装，不需使用终端箱、分线箱。

3. 控制电缆与电力电缆的区分

电力电缆有铠装和无铠装的，控制电缆一般有编织的屏蔽层；电力电缆通常线径较粗，控制电缆截面一般不超过 10mm²；电力电缆有铜芯和铝芯，控制电缆一般只有铜芯；电力电缆有高耐压的，所以绝缘层厚，控制电缆一般是低压的绝缘层相对要薄；电力电缆芯数少，一般少于 5，控制电缆一般芯数多。

4. 多模光纤与单模光纤的性能、特点和用途

多模光纤。中心玻璃芯较粗，可传多种模式的光。多模光纤耦合光能量大，发散角度大，对光源的要求低，能用光谱较宽的发光二极管（LED）作光源，有较高的性能价格比。缺点是传输

频带较单模光纤窄，多模光纤传输的距离比较近，一般只有几千米。

单模光纤。只能传一种模式的光。优点是其模间色散很小，传输频带宽，适用于远程通信。缺点是芯线细，耦合光能量较小，光纤与光源以及光纤与光纤之间的接口比多模光纤难；单模光纤只能与激光二极管（LD）光源配合使用，而不能与发光二极管（LED）配合使用。单模光纤的传输设备较贵。

5. 屏蔽双绞线与非屏蔽双绞线的区别

屏蔽双绞线电缆的外层可减小辐射，但并不能完全消除辐射，价格相对较高，安装时要比非屏蔽双绞线电缆困难，必须配有支持屏蔽功能的特殊连接器和相应的安装技术。传输速率在100m 内可达到 155Mbps。

6. 同轴电缆的性能、特点和用途

有线通信系统中大量使用同轴电缆。电缆的芯线越粗，其损耗越小。长距离传输多采用内导体粗的电缆。同轴电缆的损耗与工作频率的平方根成正比。电缆的衰减与温度有关，随着温度增高，其衰减值也增大。

50Ω 电缆用于数字传输，主要用于基带信号传输，传输带宽为 1～20MHz。总线型以太网就是使用 50Ω 同轴电缆，50Ω 细同轴电缆的最大传输距离为 185m，粗同轴电缆可达 1000m。

75Ω 电缆用于模拟传输，也叫宽带同轴电缆，常用于 CATV 网，传输带宽可达 1GHz，目前常用 CATV 电缆的传输带宽为 750MHz。

同轴电缆的带宽取决于电缆长度。

三、经典题型

1.【2020-45】单模光纤的特点（   ）。

A. 芯线粗，只能传播一种模式的光

B. 模间色散小，频带宽

C. 可与发光二极管配合使用

D. 保密性好，适宜远程通信

【答案】BD

【解析】见要点释义 4。

2.【2019-45】同轴电缆具有的特点是（　　）。

A. 随着温度升高，衰减值减少

B. 损耗与工作频率的平方根成正比

C. 50Ω 电缆多用于数字传输

D. 75Ω 电缆多用于模拟传输

【答案】BCD

【解析】见要点释义 6。

3.【2020-10】适用于 1kV 及以下室外直埋敷设的电缆型号（　　）。

A. YJV　　　　B. BTTZ　　　　C. VV　　　　D. VV$_{22}$

【答案】D

【解析】见要点释义 2。

铜芯聚氯乙烯绝缘聚氯乙烯护套电力电缆大量用来制造 1kV 及以下的低压电力电缆。用于室内的如 VV 型，用于室外的如 VV$_{22}$。

铜芯交联聚乙烯绝缘电力电缆（YJV）是我国中、高压电力电缆的主导品种。

轻型（重型）铜芯铜护套矿物绝缘电缆 BTTQ（BTTZ）。适用于工业、民用、国防及其他如高温、腐蚀、核辐射、防爆等恶劣环境中；也适用于工业、民用建筑的消防系统、救生系统等必须确保人身和财产安全的场合。矿物绝缘电缆可在高温下正常运行。

4.【模拟题】与电力电缆相比，控制电缆的特点是（　　）。

A. 有铜芯和铝芯　　　　　　B. 线径较粗

C. 绝缘层相对要薄　　　　　D. 芯数较多

【答案】CD

【解析】见要点释义 3。

5.【模拟题】高温下可正常运行，适用于工业、民用、国防及其他如高温、腐蚀、核辐射、防爆等恶劣环境及消防系统、救生系统场合的电缆是（　　）。

A. 铜芯交联聚乙烯绝缘电力电缆

B. 预制分支电缆

C. 矿物绝缘电缆

D. 穿刺分支电缆

【答案】C

【解析】见要点释义2。

第二章 安装工程施工技术

第一节 切割和焊接

一、主要知识点及考核要点

序号	知识点	考核要点
1	火焰切割	各种火焰切割的特点、用途
2	电弧切割	等离子弧切割、碳弧气割的特点、适用范围
3	激光切割	激光切割的特点、适用范围
4	焊接方法的分类	区分焊接方法的类型
5	熔焊	各种熔焊方法的特点
6	钎焊	钎焊的特点
7	焊条选用的原则	低氢型焊条与酸性焊条的选用
8	焊接参数选择	不同焊接条件下焊接参数的选择
9	焊接接头与坡口	焊接接头的类型和焊接坡口的类型
10	管材的坡口、组对与焊接	管材坡口的选用及坡口的加工方法
11	焊后热处理	焊后热处理的目的和特点
12	热处理方法的选择	焊后热处理方法的选择
13	射线探伤和超声探伤	射线探伤和超声探伤的特点用途及相互区别
14	表面、近表面无损探伤	涡流探伤、磁粉探伤、渗透探伤的特点

二、要点释义

1. 火焰切割

实际生产中应用最广的是氧-乙炔火焰切割和氧-丙烷火焰切割。

符合气割条件的金属有：纯铁、低碳钢、中碳钢、低合金钢和钛；不满足气割条件的金属有：铸铁、不锈钢、铝和铜等。

氧-丙烷火焰切割与氧-乙炔相比，丙烷的点火温度高，且爆炸范围窄，安全性高；丙烷气制取容易，成本低，对环境污染小；选用合理的切割参数切割时，切割面的粗糙度优于氧-乙炔火焰切割；总的切割成本远低于氧-乙炔火焰切割。缺点是氧-丙烷火焰温度比较低，切割预热时间略长，氧气的消耗量高。

氧熔剂切割可切割不锈钢。

2. 电弧切割

等离子切割靠熔化切割，能够切割绝大部分金属和非金属材料，尤其是对于有色金属（不锈钢、碳钢、铝、铜、钛、镍）切割效果更佳；切割厚度不大的金属的时候，切割速度快、切割面光洁、热变形小、几乎没有热影响区。

碳弧气割。可在金属上加工沟槽；清除焊缝缺陷和清理焊根时，能清楚地观察到缺陷的形状和深度，生产效率高；特别适用于开 U 形坡口；使用方便，操作灵活；可加工铸铁、高合金钢、铜和铝及其合金等，但不得切割不锈钢；设备、工具简单，操作使用安全；可能产生的缺陷有夹碳、粘渣、铜斑、割槽尺寸和形状不规则等。

3. 激光切割

激光切割切口宽度小、精度高、速度快、质量好，并可切割多种材料。只能切割中、小厚度的板材和管材，随着工件厚度的增加，切割速度明显下降。设备费用高，一次性投资大。

4. 焊接方法的分类（如下图）

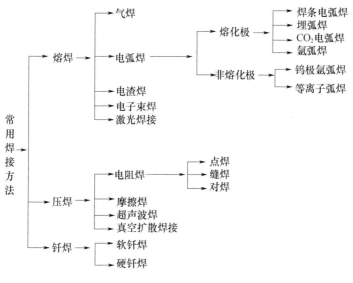

图　焊接方法的分类

5. 各种熔焊方法的特点

埋弧焊。热效率较高、熔深大、焊接速度高，在有风的环境中保护效果好、焊接质量好、生产效率高、机械化操作程度高，适于焊中厚板结构的长焊缝和大直径圆筒环焊缝，尤其适用于大批量生产，是最普遍使用的焊接方法之一。缺点：一般只适用于水平位置焊缝焊接；难以用来焊接铝、钛等氧化性强的金属及其合金；不能直接观察电弧与坡口的相对位置，容易焊偏；只适于长焊缝的焊接；不适合焊接厚度小于1mm的薄板。

钨极惰性气体保护焊（TIG焊接法）。钨极不熔化，焊接过程稳定，易实现机械化；保护效果好，焊缝质量高；是焊接薄板金属和打底焊的一种极好方法，尤其适用于焊接铝、镁、钛和锆等有色金属和不锈钢、耐热钢等各种合金；对于厚壁重要构件（如压力容器及管道），也采用TIG焊。熔深浅，熔敷速度小，生产率较低；只适用于薄板（6mm以下）及超薄板焊接；不适宜野外作业；惰性气体较贵，生产成本较高。

熔化极气体保护焊（MIG焊）。和TIG焊一样，几乎可焊所有金属，尤其适合焊有色金属、不锈钢、耐热钢、碳钢、合金钢；焊接速度较快，熔敷效率较高，劳动生产率高；可直流反接，焊接铝、镁等金属时有良好的阴极雾化作用，可有效去除氧化膜，提高接头焊接质量；成本比TIG焊低。

CO_2气体保护焊。优点：焊接生产效率高；焊接变形小、焊接质量较高；焊缝抗裂性能高，焊缝低氢且含氮量较少；焊接成本低；焊接时电弧为明弧焊，可见性好，操作简便，可进行全位置焊接。缺点：焊接飞溅较大，焊缝表面成形较差；不能焊接容易氧化的有色金属；抗风能力差；很难用交流电源进行焊接，焊接设备比较复杂。

等离子弧焊。广泛用于焊接、喷涂和堆焊。离子气为氩气、氮气、氦气或其中二者之混合气。与TIG焊相比：焊接速度快，生产率高；穿透能力强，在一定厚度范围内能获得锁孔效应，可一次行程完成8mm以下直边对接接头单面焊双面成型的焊缝。焊缝致密，成形美观；电弧挺直度和方向性好，可焊接薄壁结构（如1mm以下金属箔的焊接）；设备比较复杂、气体耗量大、费用较高，只宜于室内焊接。

电渣焊。总是以立焊方式进行，不能平焊。对熔池的保护作用比埋弧焊更强。焊接效率比埋弧焊高，坡口准备简单，热影响区比电弧焊宽得多，焊后要正火处理。电渣焊主要应用于30mm以上的厚件，特别适用于重型机械制造业，如轧钢机、水轮机、水压机及其他大型锻压机械。电渣焊可进行大面积堆焊和补焊。

激光焊。焊速快，热影响区和焊接变形很小，尺寸精度高。在大气中焊接，不需外加保护就能获得高质量焊缝；可焊多种材料；可透过透明材料对封闭结构内部进行无接触焊接（如电子真空管、显像管的内部接线等）；特别适于焊微型、精密、排列非常密集、对热敏感性强的工件，如厚度小于0.5mm薄板、直径小于 0.6mm 的金属丝；设备投资大，养护成本高，焊机功率受限。

6. 钎焊的特点

对母材没有明显的不利影响；钎焊温度低，可对焊件整体加热，引起的应力和变形小，容易保证焊件的尺寸精度；可用于结构复杂、开敞性差的焊件，并可一次完成多缝多零件的连接；容易实现异种金属、金属与非金属的连接；对热源要求较低，工艺过程简单。

钎焊的接头的强度比较低、耐热能力差；多采用搭接接头形式，增加了母材消耗和结构质量。

7. 低氢型焊条与酸性焊条的选用

对于普通结构钢，通常要求焊缝金属与母材等强度，应选用熔敷金属抗拉强度等于或稍高于母材的焊条；对于合金结构钢有时还要求合金成分与母材相同或接近。在焊接结构刚性大、接头应力高、焊缝易产生裂纹的不利情况下，应考虑选用比母材强度低一级的焊条。

选用低氢型焊条的情形：当母材中碳、硫、磷等元素的含量偏高时；对承受动载荷和冲击载荷的焊件；对结构形状复杂、刚性大的厚大焊件。

选用酸性焊条的情形：对受力不大、焊接部位难以清理的焊件，应选用对铁锈、氧化皮、油污不敏感的酸性焊条；考虑生产效率和经济性，在满足要求时，应尽量选用酸性焊条；为了保障焊工的身体健康，尽量采用酸性焊条。

8. 焊接参数的选择

焊条直径的选择主要取决于焊件厚度、接头形式、焊缝位置及焊接层次等因素；焊接电流选择的最主要决定因素是焊条直径和焊缝空间位置；使用酸性焊条焊接一般采用长弧焊；直流电源，电弧稳定，飞溅小，焊接质量好，一般用在重要的焊接结构或厚板大刚度结构的焊接上。其他情况下，应首先考虑用交流焊机，交流焊机构造简单，造价低，使用维护也较直流焊机方便；

使用碱性焊条或薄板的焊接应采用直流反接；酸性焊条通常选用正接。

9. 焊接接头与坡口

基本类型焊接接头：对接接头、T 形（十字）接头、搭接接头、角接接头和端接接头。

基本型坡口主要有 I 形坡口、V 形坡口、单边 V 形坡口、U 形坡口、J 形坡口等；组合型坡口的名称与字母有关，但又不是基本型坡口；特殊形坡口主要有：卷边坡口；带垫板坡口；锁边坡口；塞、槽焊坡口等。

10. 管材的坡口、组对与焊接

V 形坡口适用于中低压钢管焊接，坡口的角度为 $60°\sim70°$，坡口根部有钝边，其厚度为 2mm 左右；U 形坡口适用于高压钢管焊接，管壁厚度在 $20\sim60$mm 之间。坡口根部有钝边，其厚度为 2mm 左右。

11. 焊后热处理

正火是将钢件加热到临界点 A_{c3} 或 A_{cm} 以上适当温度，保持一定时间后在空气中冷却，得到珠光体组织的热处理工艺。其目的是消除应力、细化组织、改善切削加工性能及淬火前的预热处理，也是某些结构件的最终热处理。正火较退火的冷却速度快，过冷度较大。经正火处理的工件其强度、硬度、韧性比退火高，生产周期短，能量耗费少，在可能情况下，应优先考虑正火处理。

高温回火。将钢件加热到 $500\sim700℃$ 回火，即调质处理，获得较高的力学性能，如高强度、弹性极限和较高的韧性，主要用于重要结构零件。钢经调质处理后不仅强度较高，而且塑性、韧性更显著超过正火处理的情况。

12. 热处理方法的选择

焊后热处理一般选用单一高温回火或正火加高温回火处理。气焊焊口采用正火加高温回火处理。单一的中温回火只适用于工地拼装的大型普通低碳钢容器的组装焊缝，目的是达到部分消除残余应力和去氢。绝大多数场合是选用单一的高温回火。

13. 射线探伤和超声探伤

X 射线探伤的优点是显示缺陷的灵敏度高于 γ 射线探伤，特别是当焊缝厚度小于 30mm 时。其次是照射时间短、速度快。缺点是设备复杂、笨重，成本高，操作麻烦，穿透力较 γ 射线小。

γ 射线比 X 射线穿透力更强，设备轻便灵活，施工现场更为方便，投资少，成本低。但曝光时间长，灵敏度较低。在石油化工行业现场施工时经常采用。

超声波探伤与 X 射线探伤相比，具有较高的探伤灵敏度，周期短、成本低、灵活方便、效率高，对人体无害等优点。缺点是对工作表面要求平滑，要求富有经验的检验人员才能辨别缺陷种类，对缺陷没有直观性。超声波探伤适合于厚度较大的零件检验。

14. 表面、近表面无损探伤

涡流探伤。检测速度快，探头与试件可不直接接触，无须耦合剂，可一次测量多种参数。只适用于导体，对形状复杂试件难做检查，只能检查薄试件或厚试件的表面、近表面缺陷。

磁粉探伤。设备简单、操作容易、检验迅速、具有较高的探伤灵敏度，几乎不受试件大小和形状的限制；可用来发现铁磁材料的表面或近表面的缺陷，可检出的缺陷最小宽度约为 $1\mu m$，能显露出一定深度和大小的未焊透缺陷；难以发现气孔、夹渣及隐藏在焊缝深处的缺陷。宽而浅的缺陷也难以检测，检测后常需退磁和清洗，试件表面不得有油脂或其他能黏附磁粉的物质。

渗透探伤不受被检试件几何形状、尺寸大小、化学成分、内部组织结构和缺陷方位的限制，一次操作可同时检验开口于表面上的所有缺陷；检验的速度快，大量的零件可同时进行批量检验；缺陷显示直观，检验灵敏度高，操作简单，不需要复杂设备，费用低廉。但只能检出试件开口于表面的缺陷，不能显示缺陷的深度及缺陷内部的形状和大小，对于结构疏松的粉末冶金零件及其他多孔性材料不适用。

三、经典题型

1.【2020-11】焊接效率较高，焊接区在高温停留时间较长，焊后一般要进行热处理，适用于重型机械制造业，可进行大面积堆焊和补焊的是（   ）。

A. 钨极惰性气体保护焊　　　　B. 等离子弧焊

C. 电渣焊　　　　　　　　　　D. 埋弧焊

【答案】C

【解析】见要点释义 5。

2.【2017-13】焊后热处理工艺中，与钢的退火工艺相比，正火工艺的特点为（   ）。

A. 正火较退火的冷却速度快，过冷度较大

B. 正火得到的是奥氏体组织

C. 正火处理的工件其强度、硬度较低

D. 正火处理的工件其韧性较差

【答案】A

【解析】见要点释义 11。

3.【2018-14】此探伤方法的优点是不受被检试件几何形状、尺寸、化学成分和内部组织结构限制，也不受表面平滑度和缺陷方位限制，缺陷显示直观，一次操作可同时检测开口于表面的所有缺陷。这种检测方法是（   ）。

A. 超声波探伤　　　　　　　　B. 涡流探伤

C. 磁粉探伤　　　　　　　　　D. 渗透探伤

【答案】D

【解析】见要点释义 14。

4.【模拟题】下列情况中，应当选用低氢型焊条的是（   ）。

A. 为保障焊工的健康

B. 承受动载荷和冲击载荷的焊件

C. 对受力不大、焊接部位难以清理的焊件

D. 考虑生产效率和经济性

【答案】B

【解析】见要点释义7。

5.【模拟题】可获得高强度、较高的弹性极限和韧性，主要用于重要结构零件的热处理是（　　）。

A. 去应力退火　　　　　　　　B. 正火

C. 淬火　　　　　　　　　　　D. 高温回火

【答案】D

【解析】见要点释义12。

第二节　除锈、防腐蚀和绝热工程

一、主要知识点及考核要点

序号	知识点	考核要点
1	金属表面处理方法	各种除锈方法的特点和用途
2	喷射或抛射除锈质量等级	不同喷射或抛射除锈质量等级的除锈效果
3	涂料涂层施工方法	不同涂料涂层施工方法的特点
4	钢结构表面处理要求	基体表面处理的质量要求
5	衬铅和搪铅衬里	衬铅和搪铅衬里施工方法的特点
6	保温结构的组成及各层功能	保冷结构与保温结构的区别
7	绝热层施工	不同绝热层施工方法的特点和用途
8	防潮层施工	防潮层施工方法的特点和用途
9	保护层施工	不同保护层施工的方法和用途
10	刷油和绝热工程量计量	刷油和绝热工程量的计算

二、要点释义

1. 金属表面处理方法

喷射除锈也称喷砂除锈，是目前最广泛采用的除锈方法，除锈效率高、质量好、设备简单。但操作时灰尘弥漫，劳动条件差，且会影响到喷砂区附近机械设备的生产和保养。

化学方法（也称酸洗法），主要适用于对表面处理要求不高、形状复杂的零部件以及在无喷砂设备条件的除锈场合。

火焰除锈法适用于除掉旧的防腐层（漆膜）或带有油浸过的金属表面工程，不适用于薄壁的金属设备、管道，也不能用于退火钢和可淬硬钢的除锈。

2. 不同喷射或抛射除锈质量等级的除锈效果

Sa_2——钢材表面无可见的油脂和污垢，且氧化皮、铁锈和油漆涂层等附着物已基本清除。其残留物应是牢固附着的。

$Sa_{2.5}$——钢材表面无可见的油脂、污垢、氧化皮、铁锈和油漆涂层等附着物，任何残留的痕迹仅是点状或条纹状的轻微色斑。

Sa_3——非常彻底除掉金属表面的一切杂物，表面无任何可见残留物及痕迹，呈现均匀的金属色泽，并有一定粗糙度。

3. 涂料涂层施工方法

刷涂法。油性调和漆、酚醛漆、防锈底漆如油性红丹漆可采用刷涂法；硝基漆、过氯乙烯等不宜使用刷涂法。

空气喷涂法。是应用最广泛的一种涂装方法，几乎可适用于一切涂料品种，可获得厚薄均匀、光滑平整的涂层，但涂料利用率低，空气污染较严重，施工中必须采取良好的通风和安全预防措施。

高压无气喷涂法。没有涂料回弹和大量漆雾飞扬的现象，节省了漆料，减少了污染，改善了劳动条件，工效高，涂膜的附着力较强，质量较好，适宜于大面积的物体涂装。

电泳涂装法。采用水溶性涂料，可节省有机溶剂，降低了大气污染和环境危害，安全卫生，避免了火灾隐患；涂装效率高，涂料损失小；涂膜厚度均匀，附着力强，涂装质量好，可涂装复杂形状工件；生产效率高；设备复杂，投资费用高，耗电量大，施工条件严格，并需进行废水处理。

4. 基体表面处理的质量要求

基体表面处理的质量要求

序号	覆盖层类别	表面处理质量等级
1	金属热喷涂层	Sa_3 级
2	搪铅、纤维增强塑料衬里、橡胶衬里、树脂胶泥衬砌砖板衬里、涂料涂层	$Sa_{2.5}$ 级
3	水玻璃胶泥衬砌砖板衬里、涂料涂层、氯丁胶乳水泥砂浆衬里	Sa_2 级或 St_3 级
4	衬铅、塑料板非黏结衬里	Sa_1 级或 St_2 级

5. 衬铅和搪铅衬里施工方法的特点

衬铅一般采用搪钉固定法、螺栓固定法和压板条固定法。衬铅的施工方法比搪铅简单，生产周期短，相对成本也低，适用于立面、静荷载和正压下工作。

搪铅与设备器壁之间结合均匀且牢固，没有间隙，传热性好，适用于负压、回转运动和振动下工作。

6. 保冷结构与保温结构的区别

保温绝热结构由防腐层、保温层、保护层组成。与保冷结构不同的是，保温结构通常只有在潮湿环境或埋地状况下才需增设防潮层。

7. 不同绝热层施工方法的特点和用途

涂抹绝热层。可在运行状态下施工，整体性好，与保温面结合较牢固，不受保温面形状限制，价格较低；施工作业简单，但劳动强度大，工期较长，不能在 0℃以下施工。

钉贴绝热层。主要用于矩形风管、大直径管道和设备容器的绝热层施工。

浇注式绝热层。将配置好的液态原料或湿料倒入设备及管道外壁设置的模具内，常采用聚氨酯泡沫树脂在现场发泡。该方法较适合异型管件、阀门、法兰的绝热以及室外地面或地下管道绝热。

喷涂绝热层。适用于以聚苯乙烯泡沫塑料、聚氯乙烯泡沫塑料、聚氨酯泡沫塑料作为绝热层。施工方便，工艺简单、效率高、不受绝热面几何形状限制，无接缝，整体性好。但要注意施工安全和劳动保护。

8. 防潮层施工

阻燃性沥青玛琋脂贴玻璃布作防潮隔气层时，首先是在绝热层外面涂抹一层 2～3mm 厚的阻燃性沥青玛琋脂，然后缠绕一层玻璃布或涂塑窗纱布，再涂抹一层 2～3mm 厚阻燃性沥青玛琋脂形成。适用于在硬质预制块做的绝热层或涂抹的绝热层上面使用。

塑料薄膜作防潮隔气层，是在保冷层外表面缠绕聚乙烯或聚氯乙烯薄膜 1～2 层，搭接缝宽度应在 100mm 左右，一边缠一边用热沥青玛琋脂或专用胶粘剂粘接。适用于纤维质绝热层面上。

9. 保护层施工

塑料薄膜或玻璃丝布保护层。适用纤维制的绝热层上面使用。

石棉石膏或石棉水泥保护层。适用于硬质材料的绝热层上面或要求防火的管道上。

金属薄板保护层。是用镀锌薄钢板、铝合金薄板、铝箔玻璃钢薄板等按防潮层的的外径加工成型。

硬质绝热制品金属保护层纵缝可咬接。半硬质或软质的保护层纵缝可插接或搭接。插接缝可用自攻螺钉或抽芯铆钉连接，而搭接缝只能用抽芯铆钉连接，钉间距 200mm。

金属保护层的环缝，可采用搭接或插接。水平管道环缝上一般不使用螺钉或铆钉固定。

保冷结构的金属保护层接缝宜用咬合或钢带捆扎结构。

铝箔玻璃钢薄板保护层的纵缝，不得使用自攻螺钉固定。可同时用带垫片抽芯铆钉和玻璃钢打包带捆扎进行固定。保冷结构的保护层，不得使用铆钉进行固定。

10. 刷油和绝热工程量的计算

设备筒体、管道表面积刷油：$S=\pi \times D \times L$

设备筒体、管道绝热工程量：$V=\pi \times (D+1.033\delta) \times 1.033\delta \times L$

设备筒体、管道防潮和保护层工程量：$S=\pi \times (D+2.1\delta+0.0082) \times L$

三、经典题型

1.【2016-47】涂料涂覆工艺中的电泳涂装法的主要特点有（　　）。

A. 使用水溶性涂料和油溶性涂料

B. 涂装效率高，涂料损失小

C. 涂膜厚度均匀，附着力强

D. 不适用复杂形状工件的涂装

【答案】BC

【解析】见要点释义 3。

2.【2020-16】对异型管件、阀门、法兰等进行绝热层施工，宜采用的施工方法（　　）。

A. 捆扎绝热层　　　　　　　B. 粘贴绝热层

C. 浇注式绝热层　　　　　　D. 钉贴绝热层

【答案】C

【解析】见要点释义 7。

3.【2017-16】用金属薄板作保冷结构的保护层时，保护层接缝处的连接方法除咬口连接外，还宜采用的连接方法为（　　）。

A. 钢带捆扎法　　　　　　　B. 自攻螺钉法

C. 铆钉固定法　　　　　　　D. 带垫片抽芯铆钉固定法

【答案】A

【解析】见要点释义 9。

4.【模拟题】经喷射或抛射除锈，钢材表面无可见的油脂、污垢、氧化皮、铁锈和油漆涂层等附着物，任何残留的痕迹仅是点状或条纹状的轻微色斑。此除锈质量等级为（　　）。

A. Sa_1　　　　B. Sa_2　　　　C. $Sa_{2.5}$　　　　D. Sa_3

【答案】C

【解析】见要点释义 2。

5.【模拟题】与衬铅相比，搪铅具有的特点是（　　）。

A. 施工方法简单

B. 生产周期短

C. 成本低

D. 适用于负压、回转运动和振动下工作

【答案】D

【解析】见要点释义 5。

第三节　吊装工程

一、主要知识点及考核要点

序号	知识点	考核要点
1	轻小型起重设备	各种起重设备的特点和用途
2	起重机的分类	各类起重机的特点
3	常用起重机的特点及适用范围	常用起重机的特点及适用范围
4	起重机选用的基本参数	吊装载荷的计算
5	流动式起重机的种类和性能	流动式起重机的种类和性能

序号	知识点	考核要点
6	流动式起重机的特性曲线	流动式起重机特性曲线的类型及流动式起重机的选用步骤
7	吊装方法	各种吊装方法的特点和用途

二、要点释义

1. 起重设备的特点和用途

千斤顶结构轻巧、搬动方便、体积小、能力强、操作简便，顶升高度一般在 100～400mm，起重能力在 3～500t 之间。

电动卷扬机。牵引力大、速度快、结构紧凑、操作方便和安全可靠。一般大、中型设备吊装均使用电动卷扬机。

绞磨是一种人力驱动的牵引机械，具有结构简单、易于制作、操作容易、移动方便等优点，一般用于起重量不大、起重速度较慢又无电源的起重作业中。

2. 起重机的分类和特点

桥架类型起重机通过起升机构的升降运动、小车运行机构和大车运行机构的水平运动，在矩形三维空间内完成对物料的搬运作业。

臂架型起重机通过起升机构、变幅机构、旋转机构和运行机构的组合运动，可以实现在圆形或长圆形空间的装卸作业。

3. 常用起重机的特点及适用范围

流动式起重机。适用范围广，机动性好，可以方便地转移场地，但对道路、场地要求较高，台班费较高。适用于单件质量重的大、中型设备、构件的吊装，作业周期短。

塔式起重机。吊装速度快，台班费低。起重量一般不大，并需要安装和拆卸。适用于在某一范围内数量多，而每一单件质量较轻的设备、构件吊装，作业周期长。

桅杆起重机。属于非标准起重机。结构简单，起重量大，对场地要求不高，使用成本低，但效率不高。适用于某些特重、特高和场地受到特殊限制的设备、构件吊装。

4. 吊装载荷的计算

计算载荷的一般公式为 $Q_j = K_1 \cdot K_2 \cdot Q$

式中　Q_j——起重机的计算载荷；

　　　K_1——动载系数 1.1；

　　　K_2——不均衡荷系数 1.1～1.2；

　　　Q——分配到一台起重机的吊装载荷，包括所承受的设备质量及起重机索、吊具质量。

5. 流动式起重机的种类和性能

汽车起重机具有汽车的行驶通过性能，机动性强，行驶速度快，可以快速转移，特别适应于流动性大、不固定的作业场所。吊装时靠支腿将起重机支撑在地面上。不可在 360°范围内进行吊装作业，对基础要求也较高。

轮胎起重机行驶速度低于汽车式，高于履带式；可吊重慢速行驶；稳定性能较好，车身短，转弯半径小，可以全回转作业，适用于作业地点相对固定而作业量较大的场合。

履带起重机是自行式、全回转的一种起重机械。一般大吨位起重机较多采用履带起重机。对基础的要求相对较低，在一般平整坚实的场地上可以荷载行驶作业。适用于没有道路的工地、野外等场所。在臂架上装打桩、抓斗、拉铲等工作装置可实现一机多用。

6. 流动式起重机特性曲线的类型及流动式起重机的选用步骤

反映流动式起重机的起重能力随臂长、幅度的变化而变化的规律及反映流动式起重机的最大起升高度随臂长、幅度变化而变化的规律的曲线称为起重机的特性曲线。每台起重机都有其自身的特性曲线，不能换用，即使起重机型号相同也不允许换用。

流动式起重机的选用步骤如下：

根据被吊装设备或构件的就位位置、现场具体情况等确定起重机的站车位置，站车位置一旦确定，其工作幅度就确定了。

根据被吊装设备或构件的就位高度、设备尺寸、吊索高度和站车位置，由特性曲线来确定起重机的臂长。

根据上述已确定的工作幅度、臂长，由特性曲线确定起重机的额定起重量。

如果起重机的额定起重量大于计算载荷，则起重机选择合适，否则重新选择。

校核通过性能。计算吊臂与设备之间、吊钩与设备及吊臂之间的安全距离，若符合规范要求，选择合格，否则重选。

7. 吊装方法

塔式起重机吊装。起重吊装能力为 3～100t，臂长在 40～80m，常用在使用地点固定、使用周期较长的场合，较经济。

履带起重机吊装。起重能力为 30～2000t，臂长在 39～190m，中、小重物可吊重行走，机动灵活，使用方便，使用周期长，较经济。

桥式起重机吊装。起重能力为 3～1000t，跨度在 3～150m，使用方便。多为仓库、厂房、车间内使用。

缆索系统吊装。质量不大、跨度、高度较大的场合，如桥梁建造、电视塔顶设备吊装。

液压提升。整体提升大型设备与构件。

三、经典题型

1.【2019-17】适用于某一范围内数量多，而每一单件质量较轻的设备、构建吊装，且作业周期长的起重机是（　　）。

　　A. 轮胎起重机　　　　　　　B. 塔式起重机

　　C. 履带起重机　　　　　　　D. 桅杆起重机

【答案】B

【解析】见要点释义 3。

2.【2016-17】多台起重机共同抬吊一重 40t 的设备，索吊具质量 0.8t，不均衡荷载系数取上、下限平均值，此时计算荷载

应为（　　）。（取小数点后两位）

    A. 46. 92t   B. 50. 60t   C. 51. 61t   D. 53. 86t

【答案】C

【解析】见要点释义 4。

3. 【2018-18】流动式起重机的选用过程共分为五个步骤。正确的选用步骤是（　　）。

    A. 确定站车位置、确定臂长、确定额定起重量、选择起重机、校核通过性能

    B. 确定臂长、确定站车位置、确定额定起重量、选择起重机、校核通过性能

    C. 确定站车位置、确定臂长、确定额定起重量、校核通过性能、选择起重机

    D. 确定臂长、确定站车位置、确定额定起重量、校核通过性能、选择起重机

【答案】A

【解析】见要点释义 6。

4. 【模拟题】可吊重慢速行驶，稳定性能较好，可以全回转作业，适用于作业地点相对固定而作业量较大场合的流动式起重机是（　　）。

    A. 汽车起重机   B. 轮胎起重机

    C. 履带起重机   D. 塔式起重机

【答案】B

【解析】见要点释义 5。

5. 【模拟题】用在重量不大、跨度、高度较大的场合，如桥梁建造、电视塔顶设备吊装的吊装方法是（　　）。

    A. 塔式起重机吊装   B. 利用构筑物吊装

    C. 缆索系统吊装   D. 液压提升

【答案】C

【解析】见要点释义 7。

第四节　辅助项目

一、主要知识点及考核要点

序号	知识点	考核要点
1	管道吹扫与清洗方法	管道吹扫与清洗方法的一般规定
2	空气吹扫	空气吹扫的规定
3	蒸汽吹扫	蒸汽吹扫的规定
4	水清洗及大管道冲洗	水清洗的规定及大管道闭式循环冲洗特点和用途
5	油清洗	油清洗的规定
6	化学清洗	化学清洗的规定
7	管道脱脂	管道脱脂的规定
8	钝化和预膜	钝化和预膜的规定
9	管道液压试验	管道液压试验的方法、要求及试验压力的确定
10	管道气压实验	管道气压试验的方法和要求
11	管道泄漏性试验	管道泄漏性试验要求
12	设备压力试验	设备压力试验要求
13	设备液压试验	设备液压试验要求
14	设备气压试验	设备气压试验要求
15	设备气密性试验	设备气密性试验要求

二、要点释义

1. 管道吹扫与清洗方法的一般规定

在管道系统安装完，经压力试验合格后，应进行吹扫与清洗。DN≥600mm 的液体或气体管道，宜采用人工清理；DN<600mm 的液体管道，宜采用水冲洗；DN<600mm 的气体管道，宜采用压缩空气吹扫；蒸汽管道应采用蒸汽吹扫，非热力管道不

得采用蒸汽吹扫；管道吹洗前应将系统内的仪表、孔板、阀门等管道组件暂时拆除，以模拟件或临时短管替代，待管道吹洗合格后再重新复位。对以焊接形式连接的上述阀门、仪表等部件，应采取流经旁路或卸掉阀头及阀座加保护套等措施后再进行吹扫与清洗；吹扫与清洗的顺序应按主管、支管、疏排管依次进行。

2. 空气吹扫的规定

空气吹扫宜进行间断性吹扫。吹扫压力不得大于设计压力，吹扫流速不宜小于 20m/s；吹扫检验以 5min 后靶板上无杂物为合格；当吹扫的系统容积大、管线长、口径大，并不宜用水冲洗时，可采取"空气爆破法"进行吹扫。爆破吹扫时，向系统充注的气体压力不得超过 0.5MPa，并应采取相应的安全措施。

3. 蒸汽吹扫的规定

绝热工程完成后进行蒸汽吹扫，吹扫流速不应小于 30m/s；蒸汽吹扫前，应先进行暖管，并及时疏水；蒸汽吹扫应按加热、冷却、再加热的顺序循环进行。吹扫时宜采取每次吹扫一根，轮流吹扫的方法。

4. 水清洗的规定及大管道闭式循环冲洗特点和用途

管道冲洗应使用洁净水，氯离子含量不得超过 25ppm（×10^{-6}）；冲洗流速不应小于 1.5m/s，冲洗压力不得超过管道的设计压力；冲洗排放管的截面积不应小于被冲洗管截面面积的 60%。排水时，不得形成负压；水冲洗应连续进行；对有严重锈蚀和污染管道，可分段进行高压水冲洗；管道冲洗合格后，用压缩空气或氮气及时吹干。

大管道可采用闭式循环冲洗技术，省水、省电、省时、节能环保，适用范围广，经济效益显著。适用于管网冲洗。

5. 油清洗的规定

油清洗适用于大型机械的润滑油、密封油等管道系统的清洗。油清洗应在酸洗合格后、系统试运行前进行。不锈钢油系统管道宜采用蒸汽吹净后再进行油清洗。油清洗应采用系统内循环方式进行；油清洗合格的管道，应采取封闭或充氮保护措施。

6. 化学清洗的规定

管道酸洗钝化的顺序：脱脂→酸洗→水洗→钝化→水洗→无油压缩空气吹干。当采用循环方式进行酸洗时，管道系统应预先进行空气试漏或液压试漏检验合格；对不能及时投入运行的化学清洗合格的管道，应采取封闭或充氮保护措施。

7. 管道脱脂的规定

脱脂剂可采用四氯化碳、精馏酒精、三氯乙烯和二氯乙烷。

对有明显油渍或锈蚀严重的管子进行脱脂时，应先采用蒸汽吹扫、喷砂或其他方法清除油渍和锈蚀后，再进行脱脂；脱脂后应及时将脱脂件内部的残液排净，并应用清洁、无油压缩空气或氮气吹干，不得采用自然蒸发的方法清除残液。当脱脂件允许时，可采用清洁无油的蒸汽将脱脂残液吹除干净；有防锈要求的脱脂件经脱脂处理后，宜采取充氮封存或采用气相防锈纸、气相防锈塑料薄膜等措施进行密封保护。

8. 钝化和预膜的规定

钝化系指在经酸洗后的设备和管道内壁金属表面上用化学的方法进行流动清洗或浸泡清洗以形成一层致密的氧化铁保护膜的过程。酸洗后的管道和设备，必须迅速进行钝化。钝化结束后，要用偏碱的水冲洗，钝化液采用亚硝酸钠溶液。

预膜即化学转化膜。其防护功能主要是依靠降低金属本身的化学活性或依靠金属表面上的转化产物对环境介质的隔离而起到防护作用。

9. 管道液压试验的方法、要求及试验压力的确定

管道安装完毕、无损检测和热处理合格后，应对管道系统进行压力试验。管道一般采用液压试验。当管道的设计压力≤0.6MPa 时也可采用气压试验。液压试验用水的氯离子含量不得超过 25ppm（$\times 10^{-6}$）。当采用可燃液体介质进行试验时，其闪点不得低于 50℃，并应采取安全防护措施。

在试验管道系统的最高点和管道末端安装排气阀；在管道的最低处安装排水阀；压力表应安装在最高点，试验压力以此表为

准。试验时，环境温度不宜低于 5℃。当环境温度低于 5℃ 时，应采取防冻措施。

承受内压的地上钢管道及有色金属管道的液压试验压力应为设计压力的 1.5 倍，埋地钢管道的试验压力应为设计压力的 1.5 倍，并不得低于 0.4MPa。

当管道的设计温度高于试验温度时，试验压力应符合下列规定：

试验压力计算公式：$P_T = 1.5P [\sigma]_T / [\sigma]_t$

P_T——试验压力（表压）（MPa）；

P——设计压力（表压）（MPa）；

$[\sigma]_T$——试验温度下管材的许用应力（MPa）；

$[\sigma]_t$——设计温度下管材的许用应力（MPa）。

当试验温度下，$[\sigma]_T / [\sigma]_t$ 大于 6.5 时，应取 6.5。试验压力 P_T 不超过屈服强度时的最大压力。

承受内压的埋地铸铁管道的试验压力，当设计压力小于或等于 0.5MPa 时，应为设计压力的 2 倍；当设计压力大于 0.5MPa 时，应为设计压力加 0.5MPa。

10. 管道气压试验的方法和要求

管道气压试验选用空气、氮气或其他不易燃和无毒的气体。承受内压钢管及有色金属管道的强度试验压力应为设计压力的 1.15 倍，真空管道的试验压力应为 0.2MPa。

试验时应装有压力泄放装置，其设定压力不得高于试验压力的 1.1 倍；试验前，应用压缩空气进行预试验，试验压力宜为 0.2MPa。

11. 管道泄漏性试验要求

泄漏性试验以气体为试验介质，在压力试验合格后进行；输送极度和高度危害介质以及可燃介质的管道，必须进行泄漏性试验；泄漏性试验压力为设计压力；泄漏性试验应逐级缓慢升压至试验压力，采用涂刷中性发泡剂等方法巡回检查，检查重点是阀门填料函、法兰或者螺纹连接处、放空阀、排气阀、排水阀等。

12. 设备压力试验要求

设备压力试验可分为液压试验、气压试验和气密性试验，应符合下表所示规定。液压试验、气压试验统称为设备耐压试验。试验压力应以设备或系统最高处的压力表读数为准。

设备耐压试验和气密性试验压力（MPa)

设计压力	耐压试验压力		气密性试验压力
	液压试验	气压试验	
$p \leqslant -0.02$	$1.25p$	$1.15p$（$1.25p$)	p
$-0.02 \leqslant p \leqslant 0.1$	$1.25p \cdot [\sigma]/[\sigma]_t$ 且不小于 0.1	$1.15p \cdot [\sigma]/[\sigma]_t$ 且不小于 0.07	$p \cdot [\sigma]/[\sigma]_t$
$0.1 < p < 100$	$1.25p \cdot [\sigma]/[\sigma]_t$	$1.15p \cdot [\sigma]/[\sigma]_t$	p

设备耐压试验应采用液压试验，若采用气压试验代替液压试验时，必须符合以下规定：压力容器的焊接接头进行 100% 射线或超声检测并合格；非压力容器的焊接接头进行 25% 射线或超声检测，射线检测为 Ⅲ 级为合格、超声检测为 Ⅱ 级合格；有单位技术总负责人批准的安全措施。

13. 设备液压试验要求

液压试验介质宜采用洁净水。对于奥氏体不锈钢设备，试验用水的氯离子含量不应超过 25ppm（$\times 10^{-6}$)。

碳素钢、Q345R、Q370R 制设备在液压试验时，液体温度不得低于 5℃；其他低合金钢制设备液压试验时，液体温度不得低于 15℃。

对在基础上做液压试验且容积大于 $100m^3$ 的设备，液压试验的同时，在充液前、充液 1/3 时、充液 2/3 时、充满液后 24h 时、放液后，应做基础沉降观测。

14. 设备气压试验要求

气压试验介质应采用干燥洁净的空气、氮气或惰性气体。碳素钢和低合金钢制设备，气压试验时气体温度不得低于 15℃。

气压试验时，应缓慢升压至规定试验压力的 10%，且不超过 0.05MPa，保压 5min，对所有焊缝和连接部位进行初次泄漏检查；缓慢升压至规定试验压力的 50%，观察有无异常现象；按规定试验压力的 10% 逐级升压到试验压力，保压时间不少于 30min，然后将压力降至规定试验压力的 87%，对所有焊接接头和连接部位进行全面检查；无异响、无变形、无泄漏为合格。

15. 设备气密性试验要求

设备的气密性试验主要用于密封性要求高的容器。

对采用气压试验的设备，可在气压试验压力降到气密性试验压力后一并进行。设备经液压试验合格后方可进行气密性试验；气密性试验压力为设计压力；气密性试验达到试验压力后，保压时间不少于 30min，同时对焊缝和连接部位等用检漏液检查，无泄漏为合格。

三、经典题型

1.【2016-19】某工艺管道系统，其管线长、口径大、系统容积也大，且工艺限定禁水。此管道的吹扫、清洗方法应选用（　　）。

A. 无油压缩空气吹扫

B. 空气爆破法吹扫

C. 高压氮气吹扫

D. 先蒸汽吹净后再进行油清洗

【答案】B

【解析】见要点释义 2。

2.【2017-20】某埋地敷设承受内压的铸铁管道，当设计压力为 0.4MPa 时，其液压试验的压力应为（　　）。

A. 0.6MPa　　　B. 0.8MPa　　　C. 0.9MPa　　　D. 1.0MPa

【答案】B

【解析】见要点释义 9。

3.【2017-49】设备气密性试验是用来检验连接部位的密封性能，其遵循的规定有（　　）。

A. 设备经液压试验合格后方可进行气密性试验

B. 气密性试的压力应为设计压力的 1.15 倍

C. 缓慢升压至试验压力后，保压 30min 以上

D. 连接部位等应用检漏液检查

【答案】ACD

【解析】见要点释义 15。

4.【模拟题】对于大型机械设备的润滑油、密封油管道系统清洗，说法正确的是（　　　）。

A. 酸洗合格后、系统试运行前进行油清洗

B. 不锈钢管道宜水冲洗干净后进行油清洗

C. 油清洗应采用系统内循环方式进行

D. 油清洗合格的管道应封闭或充氮保护

【答案】ACD

【解析】见要点释义 5。

5.【模拟题】以下对于承受内压输送极度和高度危害气体介质的钢管道进行试验，操作正确的是（　　　）。

A. 泄漏性试验压力为设计压力

B. 泄漏性试验合格后进行气压试验

C. 管道气压试验压力为设计压力的 1.5 倍

D. 压力泄放装置的设定压力不得低于试验压力的 1.1 倍

【答案】A

【解析】见要点释义 10 与 11。

第三章　安装工程计量

第一节　安装工程计量规范的内容

一、主要知识点及考核要点

序号	知识点	考核要点
1	项目编码	项目编码的编制要求
2	项目特征	项目特征描述
3	安装工程专业分类	区分不同安装专业类别的编码
4	工程量	工程量计算依据
5	基本安装高度	区分各专业工程基本安装高度
6	与其他工程量计算规范界线划分规定	明确安装工业管道、给排水、采暖、燃气工程分别与市政工程管网的界定

二、要点释义

1. 项目编码的编制要求

工程量清单是载明建设工程分部分项工程项目、措施项目、其他项目以及规费、税金项目等内容的明细清单。

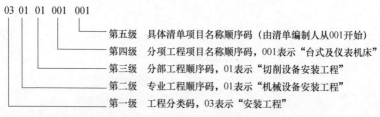

安装工程清单编码实例

第一级编码表示工程类别。采用第一、二位数字表示。01表示房屋建筑与装饰工程，02表示仿古建筑工程，03表示通用安装工程，04表示市政工程，05表示园林绿化工程，06表示矿山工程，07表示构筑物工程，08表示城市轨道交通工程，09表示爆破工程。

同一个标段的一份工程量清单中含有多个单位工程且工程量清单是以单位工程为编制对象，项目编码不得有重码。

2. 项目特征描述

如030801001低压碳钢管，项目特征包括：材质、规格、连接形式、焊接方法、压力试验、吹扫与清洗设计要求、脱脂设计要求等。

3. 区分不同安装专业类别的编码

机械设备安装工程（0301）；热力设备安装工程（0302）；静置设备与工艺金属结构制作安装工程（0303）；电气设备安装工程（0304）；建筑智能化工程（0305）；自动化控制仪表安装工程（0306）；通风空调工程（0307）；工业管道工程（0308）；消防工程（0309）；给排水、采暖、燃气工程（0310）；通信设备及线路工程（0311）；刷油、防腐蚀、绝热工程（0312）；措施项目（0313）。

4. 工程量计算依据

工程量计算除依据《通用安装工程工程量计算规范》（GB 50856—2013）各项规定外，还包括：国家或省级、行业建设主管部门颁发的现行计价依据和办法；经审定通过的施工设计图纸及其说明、施工组织设计或施工方案、其他有关技术经济文件；与建设工程有关的标准和规范；经审定通过的其他有关技术经济文件，包括招标文件、施工现场情况、地勘水文资料、工程特点及常规施工方案。

5. 各专业工程基本安装高度

机械设备安装工程10m，电气设备安装工程5m，智能化工程5m，通风空调工程6m，消防工程5m，给排水、采暖、燃气工程3.6m，刷油、防腐、绝热工程6m。

6. 明确安装工业管道、给排水、采暖、燃气工程分别与市政工程管网的界定

安装工业管道与市政工程管网工程的界定：给水管道以厂区入口水表井为界；排水管道以厂区围墙外第一个污水井为界；热力和燃气以厂区入口第一个计量表（阀门）为界。

安装给排水、采暖、燃气工程与市政工程管网工程的界定：室外给排水、采暖、燃气管道以市政管道碰头井为界；厂区、住宅小区的庭院喷灌及喷泉水设备安装按安装中的相应项目执行；公共庭院喷灌及喷泉水设备安装按市政管网中的相应项目执行。

三、经典题型

1.【2017-21】依据《通用安装工程工程量计算规范》（GB 50856—2013），安装工程分类编码体系中，第一、二级编码为0308，表示（　　）。

A. 电气设备安装工程　　　　　B. 通风空调工程
C. 工业管道工程　　　　　　　D. 消防工程

【答案】C

【解析】见要点释义1。

2.【2018-22】依据《通用安装工程工程量计算规范》（GB 50856—2013）规定，刷油、防腐蚀、绝热工程的基本安装高度为（　　）。

A. 4m　　　　　B. 5m　　　　　C. 6m　　　　　D. 10m

【答案】C

【解析】见要点释义5。

3.【2017-22】依据《通用安装工程工程量计算规范》（GB 50856—2013），室外给水管道与市政管道界限划分应为（　　）。

A. 以项目区入口水表井为界

B. 以项目区围墙外 1.5m 为界

C. 以项目区围墙外第一个阀门为界

D. 以市政管道碰头井为界

【答案】D

【解析】见要点释义 6。

4.【模拟题】表示分项工程编码的是（　　）。

A. 第一、二位数字　　　　　　B. 第三、四位数字

C. 第五、六位数字　　　　　　D. 第七、八、九位数字

【答案】D

【解析】见要点释义 1。

5.【模拟题】030801001 低压碳钢管的项目特征包含的内容有（　　）。

A. 绝热形式　　　　　　　　　B. 压力试验

C. 吹扫、清洗与脱脂设计要求　D. 除锈、刷油

【答案】BC

【解析】见要点释义 2。

第二节　安装分部分项工程量清单编制

一、主要知识点及考核要点

序号	知识点	考核要点
1	分部分项工程量清单编制要求	分部分项工程量清单编制要求

二、要点释义

分部分项工程量清单编制要求：

分部分项工程量清单必须包括五个要件：项目编码、项目名称、项目特征、计量单位和工程量。

《通用安装工程工程量计算规范》（GB 50856—2013）规定中的是项目编码、项目名称、项目特征、计量单位、工程量计算规则、工作内容。

当某项目超过基本安装高度时应在项目特征中予以描述。

三、经典题型

1.【2019-50】依据《通用安装工程工程量计算规范》（GB 50856—2013），在编制某建设项目分部分项工程量清单时，必须包括五部分内容，其中有（　　）。

A. 项目名称
B. 项目编码
C. 计算规则
D. 工作内容

【答案】AB

【解析】见要点释义1。

2.【2018-50】编制一份分部分项工程量清单应包括五个要件，它们是项目编码及（　　）。

A. 项目名称
B. 项目特征
C. 计量单位
D. 工程量计算规则

【答案】ABC

【解析】见要点释义1。

3.【模拟题】对于型号为 XD1448 的半圆球普通灯具吸顶安装，当安装高度为 6m，通过灯头盒采用 BV2.5mm^2 的线进行连接，应在该普通灯具的项目特征中予以描述的内容有（　　）。

A. BV2.5mm^2
B. XD1448
C. 吸顶安装
D. 安装高度 6m

【答案】BCD

【解析】

分部分项工程工程量清单

工程名称：　　　　　　　　　标段：　　　　　　　　　第　页　共　页

序号	项目编号	项目名称	项目特征	计量单位	工程量
1	030412001001	普通灯具	1. 名称：半圆球吸顶灯 2. 型号：XD1448 3. 规格：1×100Wϕ300 4. 类型：吸顶安装 5. 安装高度：6m	套	50

第三节　安装工程措施项目清单编制

一、主要知识点及考核要点

序号	知识点	考核要点
1	措施项目清单编制要求	区分总价措施项目费与单价措施项目费
2	专业措施项目与通用措施项目	区分专业措施项目与通用措施项目
3	专业措施项目	专业措施项目工作内容及包含的范围
4	通用措施项目	通用措施项目工作内容及包含的范围
5	单价措施项目清单的编制	工作内容与单价措施项目的可列项对应关系
6	总价措施项目清单的编制	总价措施项目的可列项内容

二、要点释义

1. 区分总价措施项目费与单价措施项目费

无法对其工程量进行计量，称为总价措施项目，以"项"为计量单位进行编制，如：安全文明施工费，夜间施工，非夜间施工照明，二次搬运，冬雨期施工，地上、地下设施，建筑物的临时保护设施、已完工程及设备保护等；

可以计算工程量，称为单价措施项目，如：脚手架工程，垂直运输、超高施工增加，吊车加固等。

2. 区分专业措施项目与通用措施项目

专业措施项目一览表

序号	项　目　名　称
1	吊装加固
2	金属抱杆安装、拆除、移位

续表

序号	项 目 名 称
3	平台铺设、拆除
4	顶升、提升装置
5	大型设备专用机具
6	焊接工艺评定
7	胎（模）具制作、安装、拆除
8	防护棚制作、安装、拆除
9	特殊地区施工增加
10	安装与生产同时进行施工增加
11	在有害身体健康的环境中施工增加
12	工程系统检测、检验
13	设备、管道施工的安全、防冻和焊接保护
14	焦炉烘炉、热态工程
15	管道安拆后的充气保护
16	隧道内施工的通风、供水、供气、供电、照明及通信设施
17	脚手架搭拆
18	其他措施

通用措施项目一览表

序号	项 目 名 称
1	安全文明施工（含环境保护、文明施工、安全施工、临时设施）
2	夜间施工增加
3	非夜间施工增加
4	二次搬运
5	冬雨期施工增加
6	已完工程及设备保护
7	高层施工增加

3. 专业措施项目工作内容及包含的范围

金属抱杆安装拆除、移位：吊耳制作安装；拖拉坑挖埋。

平台铺设、拆除：场地平整，基础及支墩砌筑。

特殊地区施工增加：高原、高寒施工防护；地震防护。

安装与生产同时进行施工增加：火灾防护；噪声防护。

在有害身体健康环境中施工增加：高浓度氧气防护。

脚手架搭拆：场内、场外材料搬运；拆除脚手架后材料的堆放。

4. 通用措施项目工作内容及包含的范围

环境保护：工地内采取措施，保护施工场地内、外的环境。

文明施工：针对施工场地内进行的美化，提升生活、工作舒适度的措施。还包括：治安综合治理；现场配备医药保健器材、物品费用和急救人员培训。

安全施工：建筑工地起重机械的检验检测；消防设施与消防器材的配置。

夜间施工增加：施工人员夜班补助、夜间施工劳动效率降低等。

非夜间施工增加：在地下（暗）室等施工引起的人工工降效及由此引起的机械降效。

高层施工增加：高层施工引起的人工工效降低以及由于人工工效降低引起的机械降效；通信联络设备的使用。单层建筑物檐口高度超过 20m，多层建筑物超过 6 层时，应分别列项；突出主体建筑物顶的电梯机房、楼梯出口间、水箱间、瞭望塔、排烟机房等不计入檐口高度。计算层数时，地下室不计入层数。

5. 工作内容与单价措施项目的可列项对应关系

当拟建工程中有工艺钢结构预制安装和工业管道预制安装时，措施项目清单可列项"平台铺设、拆除"。

当拟建工程中有设备、管道冬雨期施工，有易燃易爆、有害环境施工，或设备、管道焊接质量要求较高时，措施项目清单可列项"设备、管道施工的安全防冻和焊接保护"。

当拟建工程中有三类容器制作安装，有超过 10MPa 的高压管道敷设时，措施项目清单可列项"工程系统检测、检验"。

当拟建工程中有洁净度、防腐要求较高的管道安装，措施项目清单可列项"管道安拆后的充气保护"。

当拟建工程有大于 40t 设备安装时，措施项目清单可列项"金属抱杆安装、拆除、移位"。

6. 总价措施项目的可列项内容

"安全文明施工""夜间设施增加""非夜间施工增加""二次搬运""冬雨期施工增加""已完工程及设备保护""高层施工增加"。

三、经典题型

1.【2017-50】依据《通用安装工程工程量计算规范》（GB 50856—2013），措施项目清单中，属于专业措施项目的有（　　）。

A. 二次搬运

B. 平台铺设、拆除

C. 焊接工艺评定

D. 防护棚制作、安装、拆除

【答案】BCD

【解析】见要点释义 2。

2.【2017-51】依据《通用安装工程工程量计算规范》（GB 50856—2013）措施项目清单中，关于高层施工增加的规定，正确的表述有（　　）。

A. 单层建筑物檐口高度超过 20m 应分别列项

B. 多层建筑物超过 8 层时，应分别列项

C. 突出主体建筑物顶的电梯房、水箱间、排烟机房等不计入檐口高度

D. 计算层数时，地下室不计入层数

【答案】ACD

【解析】见要点释义 4。

3.【2020-52】当拟建工程中有易燃易爆、有害环境施工、或焊接质量要求较高和洁净度、防腐要求较高的管道施工时，可列项（　　）。

A. 压力试验

B. 设备、管道施工的安全防冻和焊接保护

C. 管道安拆后的充气保护

D. 吹扫和清洗

【答案】BC

【解析】见要点释义 5。

4.【模拟题】根据《通用安装工程工程量计算规范》（GB 50856—2013），属于安装与生产同时进行施工增加所包含的范围是（　　）。

A. 噪声防护　　　　　　　B. 地震防护

C. 火灾防护　　　　　　　D. 高浓度氧气防护

【答案】AC

【解析】见要点释义 3。

5.【模拟题】总价措施项目清单编制的主要依据是（　　）。

A. 施工方法　　　　　　　B. 施工平面图

C. 施工方案　　　　　　　D. 施工现场管理

【答案】BD

【解析】单价措施项目清单编制的主要依据是施工方案和施工方法。总价措施项目编制的主要依据是施工平面图和现场管理。

第四章 通用设备工程

第一节 机械设备工程

一、主要知识点及考核要点

序号	知识点	考核要点
1	金属表面的常用除锈方法	金属表面的常用除锈方法与金属表面粗糙度关系对应
2	设备清洗	不同设备及装配件表面油脂清洗时的方法选用
3	设备润滑	润滑脂与润滑油的特点对比
4	地脚螺栓的分类和适用范围	区分不同地脚螺栓的特点及用途
5	垫铁	垫铁的放置要求
6	机械装配	不同机械装配的特点
7	固体输送设备的类型和特点	区分不同固体输送设备的特点
8	电梯的分类	调频调压调速电梯的特点
9	电梯系统的组成	引导系统和机械安全保护系统的组成及安装
10	泵的种类及型号表示法	区分泵的种类及型号表示法
11	离心泵的种类、特点及用途	区分不同离心泵的特点及用途
12	轴流泵的特点及用途	轴流泵的特点及用途并与混流泵进行对比

续表

序号	知识点	考核要点
13	容积式泵的种类、特点和用途	区分不同容积式泵的特点及用途
14	其他类型泵的种类与结构	其他类型泵的特点与用途
15	风机的分类	区分风机的类型及型号表示方法
16	通风机的结构特点及用途	轴流通风机的结构特点及用途
17	风机的安装	风机运转应符合的要求
18	压缩机的分类与性能	活塞式与透平式压缩机性能比较
19	煤气发生设备的组成	单段式与双段式煤气发生炉的特点
20	机械设备工程计量规则	机械设备的计量单位

二、要点释义

1. 金属表面的常用除锈方法与金属表面粗糙度的对应关系

金属表面的常用除锈方法

金属表面粗糙度 Ra（μm）	常用除锈方法
＞50	用砂轮、钢丝刷、刮具、砂布、喷砂或酸洗除锈
6.3～50	用非金属刮具、油石或粒度 150 号的砂布沾机械油擦拭或进行酸洗除锈
1.6～3.2	用细油石或粒度为 150 号～180 号的砂布沾机械油擦拭或进行酸洗除锈
0.2～0.8	先用粒度为 180 号或 240 号的砂布沾机械油擦拭，然后用干净的绒布沾机械油和细研磨膏的混合剂进行磨光

2. 不同设备及装配件表面油脂清洗时的方法选用

装配件表面除锈及污垢清除宜采用碱性清洗液和乳化除油液。

清洗设备及装配件表面油脂：对设备及大、中型部件的局部清洗，擦洗和涮洗；对中小型形状复杂装配件，宜采用多步清洗法或浸、涮结合清洗；对形状复杂、污垢黏附严重的装配件，进行喷洗；对精密零件、滚动轴承等不得用喷洗法；最后清洗时宜采用超声波装置；对形状复杂、污垢黏附严重、清洗要求高的装配件，宜进行浸-喷联合清洗。

3. 润滑脂与润滑油的特点对比

与润滑油相比，润滑脂的优点：具有更高承载能力和更好的阻尼减振能力；缺油润滑状态下，特别是在高温和长周期运行中有更好的特性；基础油爬行倾向小；有利于在潮湿和多尘环境中使用；润滑脂能牢固地黏附在倾斜甚至垂直表面上。在外力作用下，能发生形变；可简化设备的设计与维护；黏附性好，不易流失，停机后再启动仍可保持满意的润滑状态；润滑脂需要量少，可大大节约油品的需求量。

润滑脂的缺点：冷却散热性能差，内摩擦阻力大，供脂换脂不如油方便。

润滑脂常用于散热要求和密封设计不是很高的场合，重负荷和振动负荷、中速或低速、经常间歇或往复运动的轴承，特别是处于垂直位置的机械设备，如轧机轴承润滑。

润滑油常用于在散热要求高、密封好、设备润滑剂需要起到冲刷作用的场合。如球磨机滑动轴承润滑。

4. 区分不同地脚螺栓的特点及用途

活动地脚螺栓（长地脚螺栓）：是一种可拆卸的地脚螺栓。适用于有强烈振动和冲击的重型设备。

胀锚地脚螺栓：胀锚地脚螺栓中心到基础边沿的距离不小于7倍的胀锚直径，安装胀锚的基础强度不得小于10MPa。常用于固定静置的简单设备或辅助设备。

粘接地脚螺栓：其方法和要求同胀锚。使用环氧树脂砂浆锚固地脚螺栓。

5. 垫铁的放置要求

每个地脚螺栓旁边至少应放置一组垫铁，相邻两组垫铁距离一般应保持 500～1000mm。每一组垫铁内，斜垫铁放在最上面，单块斜垫铁下面应有平垫铁；不承受主要负荷的垫铁组，只使用平垫铁和一块斜垫铁；承受主要负荷的垫铁组，应使用成对斜垫铁；承受主要负荷且在设备运行时产生较强连续振动时，垫铁组不能采用斜垫铁，只能采用平垫铁；每组垫铁总数一般不得超过 5 块。厚垫铁放在下面，薄垫铁放在上面，最薄的安放在中间，且不宜小于 2mm；同一组垫铁几何尺寸要相同；垫铁组伸入设备底座底面的长度应超过设备地脚螺栓的中心。

6. 不同机械装配的特点

滑动轴承装配。其特点是工作可靠、平稳、无噪声、油膜吸振能力强，可承受较大的冲击荷载。

蜗轮蜗杆传动机构。其特点是传动比大、传动比准确、传动平稳、噪声小、结构紧凑、能自锁。不足之处是传动效率低，工作时产生摩擦热大，需良好的润滑。

7. 区分不同固体输送设备的特点

带式输送机经济性好，结构简单、运行、安装、维修方便，节省能量，操作安全可靠，使用寿命长。

对于提升倾角大于 20°的散装固体物料通常采用提升输送机。斗式提升机能在有限的场地内连续将物料由低处垂直运至高处，所需占地面积小，但维护、维修不易，经常需停车检修；斗式输送机可在垂直或者水平与垂直相结合的布置中输送物料，输送速度慢，输送能力较低，基建投资费要比其他斗式提升机高，适合输送含有块状、没有磨琢性的物料；吊斗式提升机结构简单，维修量很小，输送能力可大可小，输送混合物料的离析很小，适用于大多间歇的提升作业，铸铁块、焦炭、大块物料等均能得到很好的输送。

链式输送机。鳞板输送机输送能力大，运转费用低，常用来完成大量繁重散装固体及具有磨琢性物料的输送任务；埋刮板输送机可以输送粉状的、小块状的、片状和粒状的物料，还能输送需要吹洗的有毒或有爆炸性的物料及除尘器收集的滤灰。

螺旋输送机设计简单、造价低廉，输送块状，纤维状或黏性物料时被输送的固体物料有压结倾向，输送长度受传动轴及连接轴允许转矩大小的限制。

振动输送机可以输送具有磨琢性、化学腐蚀性或有毒的散状固体物料，甚至输送高温物料。结构简单，操作方便，安全可靠，初始价格较高，维护费用较低，运行费用较低。但输送能力有限，且不能输送黏性强的物料、易破损的物料、含气的物料，同时不能大角度向上倾斜输送物料。

8. 调频调压调速电梯的特点

调频调压调速电梯。在调节定子频率的同时，调节定子中电压，以保持磁通恒定，使电动机力矩不变，其性能优越、安全可靠、速度可达 6m/s。交流电动机低速范围为有齿轮减速器式；高速范围为无齿轮减速器式，该电梯使用较广。

9. 引导系统和机械安全保护系统的组成及安装

引导系统由导轨、导轨架和导靴组成。每台电梯均具有两组至少 4 列导轨；每根导轨上至少应设置 2 个导轨架，各导轨架之间的间隔距离应不大于 2.5m。

导轨架之间的距离一般为 1.5～2m，但上端最后一个导轨架与机房楼板的距离不得大于 500mm。导轨架的位置必须让开导轨接头 200mm 以上。

砖混结构的电梯井道采用埋入式稳固导轨架。钢筋混凝土结构的电梯井道用焊接式、预埋螺栓固定式、对穿螺栓固定式稳固导轨架。

限速装置和安全钳可以防止轿厢或对重装置意外坠落；缓冲器用来吸收轿厢或对重装置墩底时的动能的制动装置。

10. 区分泵的种类及型号表示法

泵的种类

100D45×8 表示泵吸入口直径为 100mm，单级扬程为 $45mH_2O$，总扬程为 $45×8＝360mH_2O$，8 级分段式多级离心水泵。

D280-100 × 6 表示泵的流量为 $280m^3/h$，单级扬程为 $100mH_2O$，总扬程为 $100×6＝600mH_2O$，6 级分段式多级离心水泵。

11. 区分不同离心泵的特点及用途

离心泵的特点及用途

离心泵类型	特点和用途
分段式多级离心泵	相当于将几个叶轮装在一根轴上串联工作
中开式多级离心泵	用于流量较大、扬程较高的城市给水、矿山排水等，排出压力高达 18MPa。此泵相当于将几个单级蜗壳式泵装在一根轴上串联工作，又叫蜗壳式多级离心泵

续表

离心泵类型	特点和用途
自吸离心泵	除第一次启动前在泵内灌外，再次启动不用再灌注，适用于启动频繁的消防、卸油槽车、酸碱槽车及农田排灌等
潜水泵	电动机和泵制成一体是浸入水中进行抽吸和输送水。电动机的结构形式分为干式、半干式、充油式、湿式
离心式锅炉给水泵	对于扬程要求不大，但流量要随锅炉负荷而变化
离心式冷凝水泵	是电厂的专用泵，要求有较高的气蚀性能
筒式离心油泵	特别适用于小流量、高扬程的需要，是典型的高温高压离心泵
离心式杂质泵	要求过流部件具有相应的耐磨性能。为防止泵内被堵塞，叶轮均采用开式，若采用闭式叶轮，应增加叶轮宽度或减少叶片数
屏蔽泵（无填料泵）	叶轮与电动机的转子直联成一体，浸没在被输送液体中工作。屏蔽泵可以保证绝对不泄漏，特别适用于输送腐蚀性、易燃易爆、剧毒、有放射性及极为贵重的液体，也适用于输送高压、高温、低温及高熔点的液体

12. 轴流泵的特点及用途并与混流泵进行对比

轴流泵输送的液体沿泵轴方向流动，适用于低扬程大流量送水。卧式轴流泵的流量为 $1000m^3/h$，扬程在 $8mH_2O$ 以下。

混流泵的比转数高于离心泵、低于轴流泵；流量比轴流泵小、比离心泵大；扬程比轴流泵高、比离心泵低。

13. 区分不同容积式泵的特点及用途

往复泵与离心泵相比，有扬程无限高、流量与排出压力无关、具有自吸能力的特点，但流量不均匀。

隔膜计量泵为往复泵，具有绝对不泄漏的优点，最适合输送和计量易燃易爆、强腐蚀、剧毒、有放射性和贵重液体。

回转泵的特点是无吸入阀和排出阀、结构简单紧凑、占地面积小。

螺杆泵。液体沿轴向移动，流量连续均匀，脉动小，流量随压力变化很小，运转时无振动和噪声，泵的转数可高达18000r/min，能够输送黏度变化范围大的液体。

14. 其他类型泵的特点与用途

水环泵。用于煤矿抽瓦斯，也可用作低压压缩机。

罗茨泵。泵内装有两个相反方向同步旋转的叶形转子，启动快、耗功少，运转维护费用低，抽速大、效率高，对被抽气体中所含的少量水蒸气和灰尘不敏感，能迅速排除突然放出的气体，广泛用于真空冶金、蒸馏和干燥。

扩散泵。是目前获得高真空的最广泛、最主要的工具之一，是一种次级泵，需要机械泵作为前级泵。

电磁泵。用于输送有毒的重金属（汞、铅）、液态金属（钠或钾、钠钾合金）、熔融的有色金属。

15. 区分风机的类型及型号表示方法

通风机（排出气体压力≤14.7kPa）、鼓风机（14.7kPa＜排出气体压力≤350kPa）、压缩机（排出气体压力＞350kPa）。其中，2.94kPa＜高压离心式通风机≤14.7kPa。

离心式通风机的型号组成：名称、型号、机号、传动方式、旋转方式、出风口位置。

轴流式通风机的型号组成：名称、型号、机号、传动方式、气流风向、出风口位置。

16. 轴流通风机的结构特点及用途

与离心通风机相比，轴流通风机流量大、风压低、体积小，动叶或导叶常做成可调节的，即安装角可调，能显著提高变工况下的效率，使用范围和经济性能均比离心通风机好。动叶可调的轴流通风机在大型电站、大型隧道、矿井等通风、引风装置中得到日益广泛的应用。

17. 风机运转应符合的要求

风机运转时，均应经一次启动立即停止运转的试验；风机启动后，不得在临界转速附近停留；风机启动时，润滑油的温度一般不应低于 25℃，运转中轴承的进油温度一般不应高于 40℃；
风机停止转动后，应待轴承回油温度降到小于 45℃后，再停止
油泵工作；应在风机启动前开动启动油泵，待主油泵供油正常后
才能停止启动油泵；风机停止运转前，应先开动启动油泵，风机
停止转动后应待轴承回油温度降到 45℃后再停止启动油泵；风
机运转达额定转速后，应将风机调理到最小负荷转至规定的时
间；高位油箱的安装高度距轴承中分面即基准面不低于 5m；风
机的润滑油冷却系统中的冷却水压力必须低于油压。

18. 活塞式与透平式压缩机性能比较

活塞式压缩机属容积式压缩机，是压缩机中较为成熟的一
种，在使用范围和产量上均占主要地位。

活塞式与透平式压缩机性能比较

活塞式	透平式
（1）气流速度低、损失小、效率高； （2）压力范围广，从低压到超高压范围均适用； （3）适用性强，排气压力在较大范围内变动时，排气量不变，同一台压缩机还可用于压缩不同的气体； （4）除超高压压缩机，机组零部件多用普通金属材料； （5）外形尺寸及重量较大，结构复杂，易损件多，排气脉动性大，气体中常混有润滑油	（1）气流速度高，损失大； （2）小流量，超高压范围不适用； （3）流量和出口压力变化由性能曲线决定，若出口压力过高，机组则进入喘振工况而无法运行； （4）旋转零部件常用高强度合金钢； （5）外形尺寸及重量较小，结构简单，易损件少，排气均匀无脉动，气体中不含油

19. 单段式与双段式煤气发生炉的特点

双段式煤气发生炉气化效率和综合热效率均比单段炉高，不
易堵塞管道，两段炉煤气热值高而且稳定，操作弹性大，自动化
程度高，劳动强度低。两段炉煤气煤种适用性广，不污染环境，
节水显著，占地面积小，输送距离长，长期运行成本低。

20. 机械设备的计量单位

刮板输送机以"组"为计量单位。电梯以"部"为计量
单位。

三、经典题型

1.【2018-24】可以用来输送具有磨琢性、化学腐蚀性或有毒的散状固体物料，甚至输送高温物料，不能输送易破损物料，不能大角度向上倾斜输送物料。此固体输送设备为（　　）。

A. 振动输送机 　　　　　　　B. 螺旋输送机

C. 链式输送机 　　　　　　　D. 带式输送机

【答案】A

【解析】见要点释义 7。

2.【2017-24】某排水工程需选用一台流量为 $1000m^3/h$、扬程 $5mH_2O$ 的水泵，最合适的水泵为（　　）。

A. 旋涡泵　　　B. 轴流泵　　　C. 螺杆泵　　　D. 回转泵

【答案】B

【解析】见要点释义 12。

3.【2018-53】与透平式压缩机相比，活塞式压缩机的主要性能有（　　）。

A. 气流速度低、损失小

B. 小流量，超高压范围不适用

C. 旋转零部件常用高强度合金钢

D. 外形尺寸较大、重量大、结构复杂

【答案】AD

【解析】见要点释义 18。

4.【模拟题】对形状复杂、污垢黏附严重、清洗要求高的装配件，宜采用溶剂油、清洗汽油、轻柴油、金属清洗剂、三氯乙烯和碱液进行（　　）。

A. 擦洗和涮洗 　　　　　　　B. 浸洗

C. 喷洗 　　　　　　　　　　D. 浸-喷联合清洗

【答案】D

【解析】见要点释义 2。

5.【模拟题】风机试运转时，应符合的要求有（　　）。

A. 风机启动后应在临界转速附近运转

B. 风机的润滑油冷却系统中的冷却水压力必须高于油压

C. 启动油泵先于风机启动，停止则晚于风机停转

D. 风机达额定转速后将风机调理到最大负荷

【答案】C

【解析】见要点释义17。

第二节 热力设备工程

一、主要知识点及考核要点

序号	知识点	考核要点
1	工业锅炉设备组成	区分锅炉本体与锅炉辅助设备
2	锅炉的主要性能参数	区分锅炉的主要性能参数
3	锅筒的安装	锅筒的安装
4	受热面管道（对流管束）的安装	受热面管道（对流管束）的安装
5	过热器安装	过热器安装
6	压力表的安装	压力表的安装
7	液位检测仪表的安装	液位检测仪表的安装
8	安全阀安装	安全阀安装
9	锅炉水压试验	锅炉水压试验
10	锅炉的除尘设备及选用	锅炉除尘设备的特点及选用
11	烟气脱硫	区分燃烧前燃料脱硫与烟气脱硫的方法
12	热力设备安装工程计量	区分计量单位

二、要点释义

1. 区分锅炉本体与锅炉辅助设备

"锅"包括锅筒（汽包）、对流管束、水冷壁、集箱、蒸汽过

热器、省煤器和管道组成的一个封闭的汽-水系统。

锅炉辅助设备分别组成锅炉房的燃料供应与除灰渣系统、通风系统、水-汽系统和仪表控制系统。

2. 区分锅炉的主要性能参数

蒸汽锅炉用额定蒸发量表明其容量的大小，即每小时生产的额定蒸汽量称为蒸发量，单位是"t/h"。也称锅炉的额定出力或铭牌蒸发量。

热水锅炉则用额定热功率来表明其容量的大小，单位是"MW"。

蒸汽锅炉出汽口处的蒸汽额定压力，或热水锅炉出水口处热水的额定压力称为锅炉的额定工作压力，又称最高工作压力，单位是"MPa"。

蒸汽锅炉每平方米受热面每小时所产生的蒸汽量，称为锅炉受热面蒸发率，单位是"$kg/(m^2 \cdot h)$"。

热水锅炉每平方米受热面每小时所产生的热量称为受热面的发热率，单位是"$kJ/(m^2 \cdot h)$"。

锅炉受热面发热率是反映锅炉工作强度的指标，其数值越大，表示传热效果越好。

锅炉热效率是指锅炉有效利用热量与单位时间内锅炉的输入热量的百分比，也称为锅炉效率，用符号 η 表示，它是表明锅炉热经济性的指标。

为了概略地衡量蒸汽锅炉的热经济性，还常用煤汽比来表示，即锅炉在单位时间内的耗煤量和该段时间内产汽量之比。

3. 锅筒的安装

双横锅筒的支承有三种方法：第一种是下锅筒设支座，上锅筒靠对流管束支撑；第二种是下锅筒设支座，而上锅筒用吊环吊挂；第三种是上、下锅筒均设支座。

锅筒内部装置的安装，应在水压试验合格后进行。

4. 受热面管道（对流管束）的安装

对流管束连接方式有胀接和焊接；胀接完成后，进行水压试

验，确定需补胀的胀口，补胀在放水后进行，补胀不宜多于 2
次；受热面管子与锅筒、集箱焊接时多采用预留管接头对口接
焊，可采用手弧焊和氩弧焊；水冷壁和对流管束管子，一端为焊
接，另一端为胀接时，应先焊后胀，并且管子上全部附件应在水
压试验之前焊接完毕；先焊集箱对接焊口，后焊锅筒焊缝。

焊接→胀接→水压试验→补胀（次数不宜多于 2 次）

5. 过热器安装

过热器是由进、出口联箱及许多蛇形管组装而成。对流过热
器垂直悬挂于锅炉尾部，辐射过热器装于锅炉的炉顶部或包覆于
炉墙内壁上。过热器大多由耐热合金钢制造。

6. 压力表的安装

工业锅炉上常用的压力表有液柱式、弹簧式、波纹管式及压
力变送器。压力测点应选在管道的直线段介质流速稳定的地方，
取压装置端部不应伸入管道内壁；测量低压的压力表安装高度宜
与取压点的高度一致；测量高压的压力表安装在操作岗位附近
时，宜距面 1.8m 以上，或在仪表正面加护罩。

7. 液位检测仪表的安装

蒸发量大于 0.2t/h 的锅炉，应安装两个彼此独立的水位计；
水位计距离操作地面高于 6m 时，应加装远程水位显示装置；水
位计和锅筒之间的汽-水连接管其内径不得小于 18mm，连接管的
长度要小于 500mm；水位计应有放水阀门和接到安全地点的放
水管；水位计与汽包之间的汽-水连接管上不能安装阀门，更不
得装设球阀。如装有阀门，在运行时应将阀门全开，并予以
铅封。

8. 安全阀安装

安装前安全阀应逐个进行严密性试验；蒸发量大于 0.5t/h
的锅炉，至少应装设两个安全阀（不包括省煤器上的安全阀）；
对装有过热器的锅炉，按较低压力进行整定的安全阀必须是过热
器上的安全阀，过热器上的安全阀应先开启；蒸汽锅炉安全阀应
铅垂安装，排汽管底部应装有疏水管。省煤器的安全阀应装排水

管。在排水管、排汽管和疏水管上，不得装设阀门；省煤器安全阀整定压力调整应在蒸汽严密性试验前用水压方法进行；蒸汽锅炉安全阀经调整检验合格后，应加锁或铅封。

9. 锅炉水压试验

锅炉水压试验的范围包括有锅筒、联箱、对流管束、水冷壁管、过热器、锅炉本体范围内管道及阀门等；安全阀应单独做水压试验。

锅炉本体水压试验的试验压力（MPa）

锅筒工作压力	试验压力
<0.8	锅筒工作压力的 1.5 倍，但不小于 0.2
0.8~1.6	锅筒工作压力加 0.4
>1.6	锅筒工作压力的 1.25 倍

10. 锅炉除尘设备的特点及选用

旋风除尘器结构简单、处理烟气量大，没有运动部件、造价低、维护管理方便，除尘效率可达 85% 左右，是工业锅炉烟气净化中应用最广泛的除尘设备。

麻石水膜除尘器。耐酸、防腐、耐磨，使用寿命长，除尘效率可以达到 98% 以上。

旋风水膜除尘器。适合处理烟气量大和含尘浓度高的场合，可以单独采用，也可以安装在文丘里洗涤器之后作为脱水器。

对于往复炉排、链条炉排等层燃式锅炉，一般采用单级旋风除尘器。对抛煤机炉、煤粉炉、沸腾炉等室燃炉锅炉，一般采用二级除尘；当采用干法旋风除尘达不到烟尘排放标准时，可采用湿式除尘。

11. 区分燃烧前燃料脱硫与烟气脱硫的方法

燃烧前燃料脱硫方法：洗选法、化学浸出法、微波法、细菌脱硫，将煤气化或液化。

干法烟气脱硫。治理中无废水、废酸排放，减少了二次污染。脱硫效率低，设备庞大。

湿法烟气脱硫。设备简单，操作容易，脱硫效率高；脱硫后烟气温度较低，设备腐蚀较干法严重。石灰石（石灰）-石膏法在湿法烟气脱硫领域得到广泛应用，吸收剂价廉易得，且脱硫效率和吸收剂利用率高，能适应高浓度 SO_2 烟气条件，钙硫比低，脱硫石膏可以综合利用等。缺点是基建投资费用高、水消耗大、脱硫废水具有腐蚀性。

12. 区分计量单位

中压锅炉过热系统、省煤器、本体管路系统、锅炉本体结构、旋风分离器、石粉仓、吸收塔均以"t"为计量单位；汽包、回转式空气预热器、管式空气预热器、扩容器、消声器均以"台"为计量单位；炉排及燃烧装置、测粉装置、脱硫附属机械及辅助设备均以"套"为计量单位；暖风器、煤粉分离器均以"只"为计量单位。

三、经典题型

1.【2020-28】能够表明锅炉经济性的指标是（　　）。

A. 受热面蒸发率　　　　　B. 受热面发热率

C. 蒸发量　　　　　　　　D. 锅炉热效率

【答案】D

【解析】见要点释义 2。

2.【2017-29】蒸汽锅炉安全阀的安装和试验应符合的要求为（　　）。

A. 安装前，应抽查 10% 的安全阀做严密性试验

B. 蒸发量大于 0.5t/h 的锅炉，至少应装设两个安全阀，且不包括省煤器的安全阀

C. 对装有过热器的锅炉，过热器上的安全阀必须按较高压力进行整定

D. 安全阀应水平安装

【答案】B

【解析】见要点释义 8。

3.【2017-55】依据《通用安装工程工程量计算规范》（GB 50856—2013）的规定，中压锅炉及其他辅助设备安装工程量计量时，以"只"为计量单位的项目有（　　）。

A. 省煤器 B. 煤粉分离器

C. 暖风器 D. 旋风分离器

【答案】BC

【解析】见要点释义12。

4.【模拟题】当锅筒工作压力为1.2MPa时，锅炉本体水压试验的试验压力应为（　　）。

A.1.2MPa B.1.5MPa C.1.6MPa D.1.8MPa

【答案】C

【解析】见要点释义9。

5.【模拟题】属于燃烧前脱硫技术的是（　　）。

A. 洗选法 B. 化学浸出法

C. 微波法 D. 石灰石/石膏法

【答案】ABC

【解析】见要点释义11。

第三节　消防工程

一、主要知识点及考核要点

序号	知识点	考核要点
1	分区给水的室内消火栓给水系统	并联分区与串联分区室内消火栓给水系统的区别
2	消防水泵接合器	消防水泵接合器的安装形式、设置原则及设置的场所
3	室内消火栓管道布置要求	室内消火栓管道布置要求
4	消防水箱	消防水箱的设置要求

续表

序号	知识点	考核要点
5	消防水泵及配管	消防水泵及配管的设置要求
6	消火栓管道的连接方式	消火栓管道的连接方式
7	闭式喷水灭火系统	各种闭式喷水灭火系统的特点和用途
8	开式喷水灭火系统	开式喷水灭火系统的特点和用途
9	水幕系统	水幕系统的特点和用途
10	水喷雾灭火系统特点及使用范围	水喷雾灭火系统的适用范围、保护对象及用途
11	水雾喷头	高速水雾喷头与中速水雾喷头的区别
12	喷水灭火系统管道安装	喷水灭火系统管道安装要求
13	喷头安装	喷头安装要求
14	报警阀组安装	报警阀组安装要求
15	水流指示器安装	水流指示器安装要求
16	二氧化碳灭火系统	二氧化碳灭火系统的使用范围
17	七氟丙烷灭火系统	七氟丙烷灭火系统的特点和使用范围
18	热气溶胶预制灭火系统	热气溶胶预制灭火系统的特点和使用范围
19	IG541混合气体灭火系统	IG541混合气体灭火系统的特点和使用范围
20	气体灭火系统储存装置安装	气体灭火系统储存装置安装要求
21	气体灭火系统管道及管道附件安装	气体灭火系统管道及管道附件安装要求
22	泡沫灭火系统按泡沫发泡倍数分类	区分低倍数、中倍数及高倍数泡沫灭火系统的特点和用途
23	固定式泡沫灭火系统	区分液下与液上喷射式泡沫灭火系统的特点和使用范围
24	干粉灭火系统	干粉灭火系统的特点和使用范围
25	系统灭火剂的选用及适用范围	固定消防炮的适用范围

续表

序号	知识点	考核要点
26	固定消防炮灭火系统的设置	固定消防炮灭火系统的设置要求
27	水灭火系统工程量计算规则	水灭火系统工程量计算规则
28	消防系统调试	消防系统调试计量单位
29	消防计量规则说明	消防计量规则说明

二、要点释义

1. 并联分区与串联分区室内消火栓给水系统的区别

当建筑物的高度超过 50m 或消火栓处静水压力超过 0.8MPa 时，应采用分区供水室内消火栓给水系统。

并联分区的消防水泵集中于底层，管理方便，系统独立设置，互不干扰。高区的消防水泵扬程较大，管网承压较高。

串联分区消防泵设置于各区、水泵的压力相近，无须高压泵及耐高压管，但管理分散，上区供水受下区限制，供水安全性差。

2. 消防水泵接合器的安装形式、设置原则及设置的场所

消防车的水泵可通过消防水泵接合器接口与建筑物内的消防设备相连接，并加压送水。水泵接合器处应设置永久性标志铭牌，并应标明供水系统、供水范围和额定压力。

消防给水为竖向分区供水时，在消防车供水压力范围内的分区，应分别设置水泵接合器；水泵接合器应设在室外便于消防车使用的地点，且距室外消火栓或消防水池的距离不宜小于 15m，并不宜大于 40m。

应设消防水泵接合器的场所：高层民用建筑；设有消防给水的住宅、超过五层的其他多层民用建筑；超过 2 层或建筑面积大于 10000m² 的地下或半地下建筑、室内消火栓设计流量大于

10L/s 平战结合的人防工程；高层工业建筑和超过四层的多层工业建筑；城市交通隧道。

墙壁消防水泵接合器安装高度距地面宜为 0.7m，与墙面上的门、窗、孔、洞的净距离不应小于 2.0m，且不应安装在玻璃幕墙下方。

地下消防水泵接合器的进水口与井盖底面的距离不大于 0.4m，且不应小于井盖的半径。

3. 室内消火栓管道布置要求

室内消火栓系统管网应布置成环状，当室外消火栓设计流量不大于 20L/s，且室内消火栓不超过 10 个时，可布置成枝状。

室内消火栓环状给水管道检修时关闭的竖管不超过 1 根，当竖管超过 4 根时，可关闭不相邻的 2 根；每根竖管与供水横干管相接处应设置阀门；室内消火栓给水管网与自动喷水灭火管网应分开设置，如有困难应在报警阀前分开设置；高层建筑的消防给水应采用高压或临时高压给水系统，与生活、生产给水系统分开独立设置。

4. 消防水箱的设置要求

高层建筑采用高压给水系统时，可不设高位消防水箱；采用临时高压给水系统时，应设高位消防水箱，水箱的设置高度应保证最不利点消火栓静水压力。当建筑高度不超过 100m 时，最不利点消火栓静水压力不应低于 0.07MPa；当建筑高度超过 100m 时，不应低于 0.15MPa。不能满足要求时，应设增压设施。

消防水箱应储存 10min 的消防用水量。除串联消防给水系统外，发生火灾后由消防泵供给的水不应进入消防水箱。

5. 消防水泵及配管的设置要求

同一组消防工作泵和备用泵的型号宜一致，且工作泵不宜超过 3 台；消防水泵应采用自灌式吸水；从市政管网直接抽水时，应在消防水泵出水管上设置倒流防止器；一组消防水泵的吸水管不应少于 2 条；临时高压消防给水系统应采用防止消防水泵低流量空转过热的技术措施；消防水泵的出水管上应安装止回阀和压力表；消防水泵泵组的总出水管上还应安装压力表和泄压阀。安装压力表时应加设缓冲装置。压力表和缓冲装置之间应安装旋塞；压力表量程应为工作压力的 2～2.5 倍。

6. 消火栓管道的连接方式

室内消火栓给水管道，管径不大于 100mm 时，宜用热镀锌钢管或热镀锌无缝钢管，采用螺纹连接、卡箍（沟槽式）管接头或法兰连接；管径大于 100mm 时，采用焊接钢管或无缝钢管，管道连接宜采用焊接或法兰连接。

7. 各种闭式喷水灭火系统的特点和用途

湿式灭火系统。喷头是闭式，准工作状态时管道内充满有压水，控制火势或灭火迅速，不适应于寒冷地区，使用环境温度为 4～70℃。

干式灭火系统。喷头是闭式，平时在报警阀前充满水而在阀后管道内充以压缩空气，适用于低于 4℃ 和高于 70℃ 并不宜采用湿式系统灭火的地方。作用时间比湿式迟缓，灭火效率低于湿式，要设置压缩机及附属设备，投资较大。

预作用系统。预作用阀后的管道系统内平时无水，充满气体。火灾发生初期，火灾探测器系统动作先于喷头控制开启预作用阀，使消防水进入阀后管道。当火场温度达到喷头的动作温度时，闭式喷头开启，即可出水灭火，适用于不允许有水渍损失的建筑物、构筑物。

8. 开式喷水灭火系统的特点和用途

开式喷水灭火系统也叫自动喷水雨淋系统，采用开式喷头。有效控制火势发展迅猛、蔓延迅速的火灾。

9. 水幕系统的特点和用途

水幕系统不具备直接灭火能力，一般与防火卷帘或防火幕配合使用，防止火灾蔓延。

10. 水喷雾灭火系统的适用范围、保护对象及用途

水喷雾系统能够扑灭 A 类固体火灾，闪点大于 60℃ 的 B 类火灾和 C 类电气火灾；主要用于保护火灾危险性大，火灾扑救难

度大的专用设备或设施；水喷雾具有的冷却、窒息、乳化、稀释作用，可用于灭火、控制火势及防护冷却。水压较自动喷水系统高，水量也较大，我国用于高层建筑内的柴油机发电机房、燃油锅炉房火灾的灭火。

11. 高速水雾喷头与中速水雾喷头的区别

高速水雾喷头为离心喷头，雾滴较细，主要用于灭火和控火，用于扑灭 60℃ 以上的可燃液体及电气火灾，用于燃油锅炉房和自备发电机房。

中速水雾喷头系撞击式喷头，雾滴较粗，主要用于防护冷却、限制燃烧速度，减少火灾破坏、爆炸危险，促使蒸汽稀释和散发，防止外露表面吸热和火灾蔓延，用于燃气锅炉房。但中速水雾喷头不适用于扑救电气火灾。

12. 喷水灭火系统管道安装要求

安装顺序为先配水干管，后配水管和配水支管。配水支管宜侧向或向上开出喷淋头三通。

管道变径时，宜采用异径接头；在管道弯头处不得采用补芯；当需要采用补芯时，三通上可用 1 个，四通上不应超过 2 个；公称通径大于 50mm 的管道上不宜采用活接头。

管道穿建筑物的变形缝时设置柔性短管；穿墙体或楼板时加设套管，套管长度不得小于墙体厚度或应高出楼面或地面 50mm。

13. 喷头安装要求

喷头应在系统管道试压、冲洗合格后安装，应使用专用扳手，严禁利用喷头的框架施拧。不得对喷头进行拆装、改动或附加任何装饰性涂层。安装在易受机械损伤处的喷头，应加设防护罩。当通风管道宽度大于 1.2m 时，喷头应安装在其腹面以下部位。

14. 报警阀组安装要求

报警阀组安装应在供水管网试压、冲洗合格后进行。距室内地面高度宜为 1.2m；两侧与墙的距离不小于 0.5m；正面与墙的距离不小于 1.2m；报警阀组凸出部位之间的距离不应小于 0.5m。

干式报警阀组、雨淋报警阀组安装检测时，水流应不进入系统管网的信号控制阀门。

15. 水流指示器安装要求

水流指示器安装应在管道试压和冲洗合格后进行；一般安装在每层的水平分支干管或某区域的分支干管上；应使电器元件部位竖直安装在水平管道上侧，倾斜度不宜过大，其动作方向应和水流方向一致；水流指示器前后应保持有 5 倍安装管径长度的直管段；信号阀应安装在水流指示器前的管道上，与水流指示器的距离不宜小于 300mm。

16. 二氧化碳灭火系统的使用范围

应用的场所：油浸变压器室、装有可燃油的高压电容器室、多油开关及发电机房等；电信、广播电视大楼的精密仪器室及贵重设备室、大中型电子计算机房等；加油站、档案库、文物资料室、图书馆的珍藏室等；大、中型船舶货舱及油轮油舱等。

不适用于扑救活泼金属及其氢化物的火灾（如锂、钠、镁、铝、氢化钠等）、自己能供氧的化学物品火灾（如硝化纤维和火药等）、能自行分解和供氧的化学物品火灾（如过氧化氢等）。

17. 七氟丙烷灭火系统的特点和使用范围

七氟丙烷无色、无味、不导电，无二次污染，清洁、低毒、电绝缘性好。七氟丙烷灭火系统效能高、速度快、环境效应好、不污染被保护对象、安全性强，适用于有人工作的场所，对人体基本无害；但不可用于下列火灾：氧化剂化学制品及混合物（如硝化纤维、硝酸钠）；活泼金属（如钾、钠、镁、铝、铀）；金属氧化物（如氧化钾、氧化钠）；能自行分解的化学物质（如过氧化氢、联胺）。

18. IG541 混合气体灭火系统的特点和使用范围

IG541 混合气体灭火剂由氮气、氩气和二氧化碳按一定比例混合而成，无毒、无色、无味、无腐蚀性及不导电。IG541 混合气体灭火系统由火灾自动探测器、自动报警控制器、自动控制装置、固定灭火装置及管网、喷嘴等组成，适用于电子计算机房、配电房、油浸变压器、图书馆、博物馆、文物资料库等经常有人工作的场所，可用于扑救电气火灾、液体火灾或可溶化的固体火灾及灭火前能切断气源的气体火灾，但不可用于扑救 D 类活泼金属火灾。

19. 热气溶胶预制灭火系统的特点和使用范围

S 型气溶胶沉降物极低。无毒、无公害、无污染、无腐蚀、无残留，不破坏臭氧层，无温室效应，符合绿色环保要求。灭火剂是以固态常温常压储存，不存在泄漏问题，维护方便；属于无管网灭火系统，安装相对灵活，工程造价相对较低，适用于扑救电气火灾、可燃液体火灾和固体表面火灾。如计算机房、通信机房、变配电室、档案室、丙类可燃液体等场所。

20. 气体灭火系统储存装置安装要求

容器阀和集流管之间应采用挠性连接；储存装置操作面距墙面或两操作面之间的距离不宜小于 1.0m，且不应小于储存容器外径的 1.5 倍；在储存容器或容器阀上，应设安全泄压装置和压力表；在灭火系统主管道上，应设压力信号器或流量信号器；选择阀的位置应靠近储存容器且便于操作。选择阀应设有标明其工作防护区的永久性铭牌；当保护对象属可燃液体时，喷头射流方向不应朝向液体表面。

21. 气体灭火系统管道及管道附件安装要求

输送启动气体的管道，宜采用铜管。当气体灭火系统管道公称直径≤80mm 时宜采用螺纹连接，大于 80mm 宜采用法兰连接。

22. 区分低倍数、中倍数及高倍数泡沫灭火系统的特点和用途

低倍数泡沫灭火系统主要用于扑救原油、汽油、甲醇、丙酮等 B 类火灾，适用于炼油厂、卸油的鹤管栈桥、码头、机场和一般民用建筑泡沫消防系统。不宜用低倍数泡沫灭火系统扑灭流动着的可燃液体或气体火灾；不宜与水枪和喷雾系统同时使用。低倍数泡沫液有：普通蛋白泡沫液、氟蛋白泡沫液、水成膜泡沫液、成膜氟蛋白泡沫液及抗溶性泡沫液。

中倍数泡沫灭火系统,用于控制或扑灭易燃、可燃液体、固体表面火灾及固体深位阴燃火灾,其稳定性较低倍数泡沫灭火系统差,抗复燃能力较低。能扑救立式钢制贮油罐内火灾。

高倍泡沫灭火系统可设置在固体物资仓库、易燃液体仓库、有贵重仪器设备和物品的建筑、地下建筑工程等。不能用于扑救立式油罐内的火灾、未封闭的带电设备及在无空气的环境中仍能迅速氧化的强氧化剂和化学物质的火灾(如硝化纤维、炸药)。

23. 区分液下与液上喷射式泡沫灭火系统的特点和使用范围

液下喷射适用于固定拱顶贮罐。不适用于外浮顶和内浮顶储罐以及水溶性甲、乙、丙液体固定顶储罐的灭火。

液上喷射适用于固定顶、外浮顶和内浮顶。与液下式相比,液上式造价较低,泡沫不易遭受油品的污染。但当油罐发生爆炸时,泡沫混合液管道及泡沫产生器易被拉坏,造成火灾失控。

24. 干粉灭火系统的特点和使用范围

适用于灭火前可切断气源的气体火灾,易燃、可燃液体和可熔化固体火灾,可燃固体表面火灾。造价低,占地小,不冻结,对于无水及寒冷的北方尤为适宜。不适用于火灾中产生含有氧的化学物质(如硝酸纤维),可燃金属及其氢化物(如钠、钾、镁),可燃固体深位火灾,带电设备火灾。

25. 固定消防炮的适用范围

泡沫炮系统适用于甲、乙、丙类液体、固体可燃物火灾现场;干粉炮系统适用于液化石油气、天然气等可燃气体火灾现场;水炮系统和泡沫炮系统不得用于扑救遇水发生化学反应而引起燃烧、爆炸等物质的火灾。

26. 固定消防炮灭火系统的设置要求

发生火灾时灭火人员难以及时接近或撤离固定消防炮位的场所宜选用远控炮系统;室内消防炮的布置数量不应少于两门;消防炮应设置在被保护场所常年主导风向的上风方向;当灭火对象高度较高、面积较大时,或在消防炮的射流受到较高大障碍物的阻挡时，应设置消防炮塔。

27. 水灭火系统工程量计算规则

水喷淋、消火栓钢管等按设计图示管道中心线长度以"m"计算，不扣除阀门、管件及各种组件所占长度。

水喷淋（雾）喷头、水流指示器计量单位均是"个"；室内、外消火栓、消防水泵接合器计量单位均是"套"；消防水炮以"台"计算；报警装置、温感式水幕装置计量单位均是"组"。

报警装置安装包括装配管（除水力警铃进水管）的安装，水力警铃进水管并入消防管道工程量。

末端试水装置以"组"计算，包括压力表、控制阀等附件安装。末端试水装置安装中不含连接管及排水管安装，其工程量并入消防管道。

28. 消防系统调试计量单位

自动报警系统调试按"系统"计算；水灭火控制装置调试按"点"计算；防火控制装置调试按"个"或"部"计算；气体灭火系统装置调试按"点"计算。

29. 消防计量规则说明

喷淋系统水灭火管道，消火栓管道：室内外界限应以建筑物外墙皮1.5m为界，入口处设阀门者应以阀门为界；设在高层建筑物内消防泵间管道应以泵间外墙皮为界。

与市政给水管道的界限：以与市政给水管道碰头点（井）为界。

消防管道如需进行探伤，按"工业管道工程"相关项目编码列项。

消防管道上的阀门、管道及设备支架、套管制作安装，按"给排水、采暖、燃气工程"相关项目编码列项。

三、经典题型

1.【2016-35】水压高、水量大并具有冷却、窒熄、乳化、稀释作用，不仅用于灭火还可控制火势，主要用于保护火灾危险性大、扑救难度大的专用设备或设施的灭火系统为（　　）。

A. 水幕系统

B. 水喷雾灭火系统

C. 自动喷水雨淋系统

D. 重复启闭预作用灭火系统

【答案】B

【解析】见要点释义 10。

2.【2018-35】某灭火系统使用的气体在大气层中自然存在，无毒、无色、无味、无腐蚀性且不导电。主要适用于经常有人工作场所的电气、液体或可溶化固体的火灾扑救。此气体灭火系统是（　　）。

A. IG541 混合气体灭火系统　　B. 热气溶胶预制灭火系统

C. 二氧化碳灭火系统　　D. 七氟丙烷灭火系统

【答案】A

【解析】见要点释义 19。

3.【2017-36】扑救立式钢制内浮顶式贮油罐内的火灾，应选用的泡沫灭火系统及其喷射方式为（　　）。

A. 中倍数泡沫灭火系统，液上喷射方式

B. 中倍数泡沫灭火系统，液下喷射方式

C. 高倍数泡沫灭火系统，液上喷射方式

D. 高倍数泡沫灭火系统，液下喷射方式

【答案】A

【解析】见要点释义 22。

4.【模拟题】同一泵组的消防水泵设置正确的是（　　）。

A. 消防水泵型号宜一致

B. 工作泵不少于 3 台

C. 消防水泵的吸水管不应少于 2 条

D. 消防水泵的出水管上应安装止回阀和压力表

【答案】ACD

【解析】见要点释义 5。

5.【模拟题】对于自动喷水灭火系统管道安装，说法正确的是（　　）。

A. 配水支管上宜向下开出喷淋头三通

B. 管道变径时，宜采用异径接头

C. 管道弯头处应采用补芯

D. 公称通径大于 50mm 的管道上宜采用活接头

【答案】B

【解析】见要点释义 12。

第四节　电气照明及动力设备工程

一、主要知识点及考核要点

序号	知识点	考核要点
1	常用电光源及特性	常用电光源的种类及特性
2	灯器具安装一般规定	灯器具安装一般规定
3	插座	插座安装的规定
4	电动机的选择	电动机功率的选择
5	电动机的启动方法	对比各种减压启动的特点
6	电机干燥	电机干燥的方法
7	电机控制和保护设备安装应符合的要求	电机控制和保护设备安装应符合的要求
8	开关	接近开关的选用
9	熔断器	各种熔断器的特点和用途
10	接触器和磁力启动器	区分接触器和磁力启动器
11	继电器	各种继电器的特点和用途
12	常用的导管	常用的导管的选择
13	导管管径	导管管径的选择
14	导管加工	导管加工应满足的要求

续表

序号	知识点	考核要点
15	金属导管敷设	金属导管敷设要求
16	导管管卡间的最大距离	导管管卡设置的最大距离及设置数量计算
17	导管敷设的其他规定	导管敷设的其他规定
18	导管内穿线	导管内穿线的规定
19	槽盒内敷线	槽盒内敷线的规定
20	塑料护套线配线	塑料护套线配线的要求
21	导线的连接	导线的连接规定
22	电气照明工程量计算规则	电气照明工程量计算规则

二、要点释义

1. 常用电光源的种类及特性

热致发光电光源（如白炽灯、卤钨灯）；气体放电发光电光源（如荧光灯、汞灯、钠灯、金属卤化物灯）；固体发光电光源（如 LED 和场致发光器件）。气体放电光源比热辐射光源光效高、寿命长，能制成各种不同光色，在电气照明中应用日益广泛。热辐射光源结构简单，使用方便，显色性好，在一般场所仍被普遍采用。

白炽灯结构简单，使用方便，显色性好。功率因数接近于1，发光效率低，平均寿命约为 1000h，受到振动容易损坏。

T5 直管形荧光显色性好，平均寿命达 10000h，适用于色彩绚丽场合使用。T8 适合办公室、图书馆及家庭等色彩朴素但要求亮度高的场合。

高压钠灯。发出金白色光，光效高，属于节能型光源，适用于要求照度高，但对光色无要求场所以及多烟尘场所。结构简单，坚固耐用，平均寿命长，显色性差。紫外线少，不招飞虫。透雾性能好，最适合交通照明；光通量维持性能好，可以在任意位置点燃；耐振性能好；受环境温度变化影响小，适用于室外；但功率因数低。

金属卤化物灯。主要用在要求高照度的场所、繁华街道及要求显色性好的大面积照明。

氙灯。显色性很好，发光效率高，功率大，有"小太阳"的美称，适于大面积照明。在建筑施工现场使用的是长弧氙灯，功率很高，用触发器启动。大功率长弧氙灯能瞬时点燃，工作稳定。耐低温也耐高温，耐振。平均寿命短，500～1000h，价格较高，工作中辐射的紫外线较多。

低压钠灯在电光源中光效最高，寿命最长，不眩目，是太阳能路灯照明系统的最佳光源，视见分辨率高，对比度好，特别适合于高速公路、公园、庭院照明。

发光二极管（LED）显色指数低、节能、寿命长、绿色环保、耐冲击和防振动、无紫外和红外辐射、低电压下工作安全。单个 LED 功率低，为了获得大功率，需要多个并联使用，单个大功率 LED 价格贵。

2. 灯器具安装一般规定

相线接于螺口灯头中间触点的端子上；绝缘铜芯导线的线芯截面积不应小于 $1mm^2$；高低压配电设备、裸母线及电梯曳引机的正上方不应安装灯具；普通灯具、专用灯具的外露可导电部分必须采用铜芯软导线与保护导体可靠连接；敞开式灯具的灯头对地面距离应大于 2.5m。

3. 插座安装的规定

当交流、直流或不同电压等级的插座安装在同一场所时，应有明显的区别，且必须选择不同结构、不同规格和不能互换的插座。

面对插座，左零右火上地线；插座的保护接地端子不应与中性线端子连接；保护接地线在插座间不得串联连接；相线与中性线不得利用插座本体的接线端子转接供电。

4. 电动机功率的选择

负载转矩的大小是选择电动机功率的主要依据。电动机铭牌标出的额定功率是指电动机轴输出的机械功率。为了提高设备自然功率因数，应尽量使电动机满载运行，电动机的效率一般为80%以上。

5. 对比各种减压启动的特点

自耦减压启动控制柜减压启动。可以对三相笼型异步电动机作不频繁自耦减压启动，对电动机具有过载、断相、短路等保护。

绕线转子异步电动机起动是在转子电路中串入电阻。

软启动器。可实现平稳启动，平稳停机。改善电动机的保护，简化故障查找，如失相、过电流和超高温保护。可靠性高、维护量小、电动机保护良好以及参数设置简单。

6. 电机干燥的方法

1kV以下电机使用1000V摇表，绝缘电阻值不应低于1MΩ/kV；1kV及以上电机使用2500V摇表，定子绕组绝缘电阻不应低于1MΩ/kV，转子绕组绝缘电阻不应低于0.5MΩ/kV，吸收比不小于1.3。

外部干燥法包括：热风干燥法、电阻器加盐干燥法、灯泡照射干燥法。

通电干燥法包括：磁铁感应干燥法、直流电干燥法、外壳铁损干燥法、交流电干燥法。

7. 电机控制和保护设备安装应符合的要求

电机控制及保护设备一般设置在电动机附近；每台电动机均应安装控制和保护设备；装设过流和短路保护装置，保护整定值一般为：采用热元件时，按电动机额定电流的1.1～1.25倍；采用熔丝时，按电机额定电流的1.5～2.5倍。

8. 接近开关的选用

在一般的工业生产场所，通常都选用涡流式接近开关和电容式接近开关。当被测对象是导电物体或可以固定在一块金属物上的物体时，选用涡流式接近开关，响应频率高、抗环境干扰性能好、应用范围广、价格较低；若所测对象是非金属（或金属）、液位高度、粉状物高度、塑料、烟草等，应选用电容式接近开关，响应频率低，但稳定性好；若被测物为导磁材料，应选用价格最低的霍尔接近开关；在环境条件比较好、无粉尘污染的场合，可采用光电接近开关，如用于要求较高的传真机、烟草机械。

9. 各种熔断器的特点和用途

封闭式熔断器常用在容量较大的负载上作短路保护，大容量的能达到 1kA；填充料式熔断器具有限流作用及较高的极限分断能力，用于具有较大短路电流的电力系统和成套配电的装置中；自复熔断器是一种新型限流元件，应用时和外电路的低压断路器配合工作，效果很好。

10. 区分接触器和磁力启动器

接触器主要用于频繁接通、分断交、直流电路，控制容量大，可远距离操作，配合继电器可以实现定时操作，联锁控制，各种定量控制和失压及欠压保护，广泛应用于自动控制电路，其主要控制对象是电动机。

磁力启动器由接触器、按钮和热继电器组成。热继电器是一种具有延时动作的过载保护器件。磁力启动器具有接触器的一切特点，两只接触器的主触头串联起来接入主电路，吸引线圈并联起来接入控制电路。用于某些按下停止按钮后电动机不及时停转易造成事故的生产场合。

11. 各种继电器的特点和用途

电流继电器线圈的额定电流应大于或等于电动机的额定电流；电流继电器的动作电流，一般为电动机额定电流的 2.5 倍。安装电流继电器时，需将线圈串联在主电路中，常闭触头串接于控制电路中与接触器联接。

电压继电器线圈的匝数很多，使用时与电源并联，广泛应用于失压、欠压和过电压保护中。

12. 常用的导管的选择

焊接钢管：管壁较厚，适用于潮湿、有机械外力、有轻微腐蚀气体场所的明、暗配。

硬质聚氯乙烯管：管材连接一般为加热承插式连接和塑料热风焊，耐腐蚀性较好，易变形老化，机械强度比钢管差，适用腐蚀性较大的场所的明、暗配。

半硬质阻燃管：也叫 PVC 阻燃塑料管。该管刚柔结合，易于施工，劳动强度较低，质轻，运输较为方便，已被广泛应用于民用建筑暗配管。

套接紧定式 JDG 钢导管：电气线路新型保护用导管。该管最大特点是：连接、弯曲操作简易，不用套丝、无须做跨接线、无须刷油，效率较高。

13. 导管管径的选择

单芯导线管选择表

线芯截面面积（mm²）	焊接钢管（管内导线根数）									电线管（管内导线根数）									线芯截面面积（mm²）
	2	3	4	5	6	7	8	9	10	10	9	8	7	6	5	4	3	2	
1.5	15		20		25					32			25			20			1.5
2.5	15		20		25					32			25			20			2.5
4	15		20		25		32			32				25			20		4
6	20		25			32				40			32			25		20	6
10	20	25		32		40		50				40		32		25			10

14. 导管加工应满足的要求

砂轮机切割配管是目前先进、有效的切割方法，切割速度快、功效高、质量好，但禁止使用气焊切割。

DN70mm 以下的管子可用电动弯管机煨弯，DN70mm 以上的管子采用热煨。热煨管煨弯角度不应小于 90°。明设管弯曲半径不宜小于管外径的 6 倍，当两个接线盒间只有一个弯曲时，其弯曲半径不宜小于管外径的 4 倍。暗配管当埋设于混凝土内时，其弯曲半径不应小于管外径的 6 倍；当埋设于地下时，其弯曲半径不应小于外径的 10 倍。

15. 金属导管敷设要求

钢导管不得采用对口熔焊连接；镀锌钢导管或壁厚小于或等于 2mm 的钢导管，不得采用套管熔焊连接。

金属导管应与保护导体可靠连接，并应符合下列规定：镀锌钢导管、可弯曲金属导管和金属柔性导管不得熔焊连接；当非镀锌钢导管采用螺纹连接时，连接处的两端应熔焊焊接保护联结导体；镀锌钢导管、可弯曲金属导管和金属柔性导管连接处的两端宜采用专用接地卡固定保护联结导体；金属导管与金属梯架、托盘连接时，镀锌材质的连接端宜用专用接地卡固定保护联结导体，非镀锌材质的连接处应熔焊焊接保护联结导体；以专用接地卡固定的保护联结导体应为铜芯软导线，截面面积不应小于 4mm²；以熔焊焊接的保护联结导体宜为圆钢，直径不应小于 6mm，其搭接长度应为圆钢直径的 6 倍。

16. 导管管卡设置的最大距离及设置数量计算

管卡间的最大距离

敷设方式	导管种类	导管直径（mm）			
		15～20	25～32	40～50	65 以上
		管卡间最大距离（m）			
支架或沿墙明敷	壁厚＞2mm 刚性钢导管	1.5	2.0	2.5	3.5
	壁厚≤2mm 刚性钢导管	1.0	1.5	2.0	—
	刚性塑料导管	1.0	1.5	2.0	2.0

根据上表，某种类型导管在给定导管直径和长度的条件下可计算管卡数量。

17. 导管敷设的其他规定

暗配的导管表面埋设深度与建筑物、构筑物表面的距离不应小于 15mm。

导管穿越外墙时应设置防水套管。

钢导管或刚性塑料导管跨越建筑物变形缝处应设置补偿装置。

导管与热水管、蒸汽管平行敷设时，宜敷设在热水管、蒸汽管的下面，当有困难时，可敷设在其上面；相互间的最小距离宜符合表中规定。

导管（或配线槽盒）与热水管、蒸汽管间的最小距离（mm）

导管（或配线槽盒）的敷设位置	管道种类	
	热水	蒸汽
在热水、蒸汽管道上面平行敷设	300	1000
在热水、蒸汽管道下面或水平平行敷设	200	500
与热水、蒸汽管道交叉敷设	不小于其平行的净距	

18. 导管内穿线的规定

同一交流回路的绝缘导线不应穿于不同金属导管或敷设于不同的金属槽盒内。

不同回路、不同电压等级和交流与直流线路的绝缘导线不应穿入同一导管内。

绝缘导线接头应设置在专用接线盒或器具内，不得设置在导管和槽盒内。

绝缘导线穿入导管的管口在穿线前应装设护线口。

同一建筑物、构筑物的绝缘导线绝缘层颜色应一致。保护地线为绿、黄相间色，中性线为淡蓝色。

19. 槽盒内敷线的规定

同一槽盒内不宜同时敷设绝缘导线和电缆。

同一路径无防干扰要求的线路，可敷设于同一槽盒内；槽盒内的绝缘导线总截面面积（包括外护套）不应超过槽盒内截面面积的 40%，且载流导体不宜超过 30 根。

当控制和信号等非电力线路敷设于同一槽盒内时，绝缘导线的总截面积不应超过槽盒内截面面积的 50%。

分支接头处绝缘导线的总截面面积（包括外护层）不应大于该点盒内截面面积的 75%；与槽盒连接的接线盒应选用明装盒。

20. 塑料护套线配线的要求

塑料护套线严禁直接敷设在建筑物顶棚内、墙体内、抹灰层内、保温层内或装饰面内。

塑料护套线在室内沿建筑物表面水平敷设高度距地面不应小于 2.5m，垂直敷设时距地面高度 1.8m 以下的部分应采取保护措施。

当塑料护套线侧弯或平弯时，弯曲半径应分别不小于护套线宽度和厚度的 3 倍。

塑料护套线的接头应设在明装盒（箱）或器具内，多尘场所应采用 IP5X 等级的密闭式盒，潮湿场所应采用 IPX5 等级的密闭式盒。

21. 导线的连接规定

导线连接有铰接、焊接、压接和螺栓连接等。

截面面积在 10mm² 及以下的单股铜导线可直接与设备或器具的端子连接；截面面积在 2.5mm² 及以下的多芯铜芯线应接续端子或拧紧搪锡后再与设备或器具的端子连接；截面面积大于 2.5mm² 的多芯铜芯线，应接续端子后与设备或器具的端子连接；多芯铜芯线与插接式端子连接前，端部应拧紧搪锡；每个设备或器具的端子接线不多于 2 根导线或 2 个导线端子。

截面面积 6mm² 及以下铜芯导线间的连接应采用导线连接器或缠绕搪锡连接，并应符合下列规定：单芯导线与多芯软导线连接时，多芯软导线宜搪锡处理；多尘场所的导线连接应选用 IP5X 及以上的防护等级连接器；潮湿场所的导线连接应选用 IPX5 及以上的防护等级连接器；连接金具的规格应与线芯的规格适配，且不得采用开口端子；当接线端子规格与电气器具规格不配套时，不应采取降容的转接措施。

22. 电气照明工程量计算规则

配管、线槽、桥架，按设计图示尺寸以"m"计算。配线按设计图示尺寸以单线长"m"计算，含预留长度。

接线箱、接线盒，按设计图示数量以"个"计算。

灯具按设计图示数量以"套"计算。

配管、线槽安装不扣除管路中间的接线箱(盒)、灯头盒、开关盒所占长度。

三、经典题型

1.【2016-37】某光源在工作中辐射的紫外线较多,产生很强的白光,有"小太阳"美称。这种光源是( )。

A. 高压水银灯   B. 高压钠灯

C. 氙灯   D. 卤钨灯

【答案】C

【解析】见要点释义1。

2.【2018-38】要求接近开关具有响应频率高、抗环境干扰性能好,应用范围广,价格较低。若被测对象是导电物体时宜选用( )。

A. 电容式接近开关 B. 涡流式接近开关

C. 霍尔接近开关   D. 光电式接近开关

【答案】B

【解析】见要点释义8。

3.【2017-40】电气配管配线工程中,对潮湿、有机械外力、有轻微腐蚀气体场所的明、暗配管,应选用的管材为( )。

A. 半硬塑料管   B. 硬塑料管

C. 焊接钢管   D. 电线管

【答案】C

【解析】见要点释义12。

4.【模拟题】对于磁力启动器,说法正确的是( )。

A. 磁力启动器由接触器、按钮和热继电器组成

B. 两只接触器的主触头并联起来接入主电路

C. 线圈串联起来接入控制电路

D. 用于某些按下停止按钮后电动机不及时停转易造成事故的生产场合

【答案】AD

【解析】见要点释义 10。

5. 【模拟题】以下符合导管穿线要求的是（　　）。

A. 同一交流回路的绝缘导线穿入同一根导管

B. 不同电压等级的绝缘导线穿入同一导管内

C. 绝缘导线穿入导管的管口应装设护线口

D. 绝缘导线接头应设置在导管内

【答案】AC

【解析】见要点释义 18。

第五章　管道和设备工程

第一节　给排水、采暖、燃气工程

一、主要知识点及考核要点

序号	知识点	考核要点
1	室外给水管网安装	室外给水管网布置、管材选用及敷设方式
2	给水方式及特点	各种室内给水方式及特点
3	给水钢管	给水钢管管材的选用及连接
4	给水铸铁管	给水铸铁管管材的选用及连接
5	给水塑料管	给水塑料管管材的选用及连接
6	给水管道管材选用	不同建筑、不同公称通径室内、外给水管道适用的管材
7	室内给水管道安装	引入管、干管、立管、支管的安装要求
8	给水管道防护及水压试验	防腐，防冻，防结露，水压试验，管道冲洗、消毒
9	给水附件设置及安装	水表、阀门、倒流防止器的安装要求
10	水泵	水泵设置要求
11	铸铁排水管	铸铁排水管接口类型
12	塑料排水管	塑料排水管的特点及安装要求
13	室内排水管道安装	排出管、排水立管、排水横支管、通气管的安装要求
14	热水供应管道及附件	热水供应管道及附件安装要求
15	附属配件	检查口和清扫口的安装要求

续表

序号	知识点	考核要点
16	热网的布置形式和特点	区分不同热网的布置形式和特点
17	常见的采暖系统形式和特点	机械循环热水采暖系统、热风采暖系统、低温热水地板辐射采暖系统、分户热计量采暖系统
18	采暖系统水泵	区分采暖系统不同水泵的设置要求
19	按材质分类的散热器	不同材质散热器的特点和适用范围
20	按结构形式分类的散热器	不同结构类型散热器的特点和适用范围
21	散热器的选用及其他部件	散热器的选用、膨胀水箱、减压器、锁闭阀、平衡阀安装
22	采暖管材的选用与安装要求	采暖管材的选用与安装要求
23	采暖系统试压与试运行	采暖系统试压与试运行要求
24	燃气调压装置安装	调压器安装要求
25	室外燃气管道	室外燃气管道管材的选用及安装要求
26	室内燃气管道	室内燃气管道管材的选用及安装要求
27	燃气管道的吹扫、探伤及试压	燃气管道的吹扫、探伤及试压要求
28	给排水、采暖、燃气管道工程量计算规则	给排水、采暖、燃气管道工程量计算规则

二、要点释义

1. 室外给水管网布置、管材选用及敷设方式

树状管网一个方向供水。供水可靠性较差，投资省。环状网中的干管前后贯通，连接成环状，供水可靠性好，适用于供水不允许中断的地区。

给水管道一般采用埋地铺设，应在冰冻线以下，如必须在冰冻线以上铺设时，应做可靠的保温防潮措施。在无冰冻地区，埋地敷设时管顶的覆土厚度不得小于500mm，穿越道路部位的埋深不得小于700mm。通常沿道路或平行于建筑物铺设，给水管网上设置阀门和阀门井。

塑料管道不得露天架空敷设，必须露天架空敷设时应有保温和防晒措施。

2. 各种室内给水方式及特点

涉及水泵：投资大、需维护、有振动噪声，分散布置或者型号多则管理维护麻烦。

涉及水箱：高位水箱增加结构载荷，层间水箱占用建筑面积。但水箱具有一定延时供水功能。

涉及贮水池：外网水压不能充分利用，供水可靠，有一定延时供水功能。

并联供水：各区独立，互不干扰，但费管。

串联供水：供水独立性差，但省管。

涉及减压给水：要求电力充足、电价低。

气压水罐：供水水质卫生条件好。

3. 给水钢管管材的选用及连接

给水系统镀锌钢管应用最多，管径≤100mm的镀锌钢管螺纹连接；管径＞100mm的镀锌钢管应采用法兰或卡套式专用管件连接。

无缝钢管连接方式为焊接和法兰连接。

4. 给水铸铁管管材的选用及连接

给水铸铁管耐腐蚀、寿命长，但是管壁厚、质脆、强度较钢管差，多用于DN≥75mm的给水管道，尤其适用于埋地铺设。给水铸铁管采用承插连接，在交通要道等振动较大的地段采用青铅接口。

球墨铸铁管。在大型的高层建筑中，将球墨铸铁管设计为总立管，应用于室内给水系统。采用橡胶圈机械式接口、承插接口或螺纹法兰连接方式。

5. 给水塑料管管材的选用及连接

硬聚氯乙烯给水管（UPVC）：适用于温度不高于 45℃、压力不大于 0.6MPa 的生活给水系统。高层建筑的加压泵房内不宜采用 UPVC 给水管；水箱进出水管、排污管、自水箱至阀门间的管道不得采用塑料管；公共建筑、车间内塑料管长度大于 20m 时应设伸缩节。管 De＜63mm 时，宜采用承插式黏结；De＞63mm 时，宜采用承插式弹性橡胶密封圈柔性连接；与其他金属管材、阀门、器具配件等连接时，采用过渡性连接，包括螺纹或法兰连接。

聚丙烯给水管（PP）：适用于工作温度不大于 70℃、系统工作压力不大于 0.6MPa 的给水系统。不锈蚀，可承受高浓度的酸和碱的腐蚀；耐磨损、不结垢，流动阻力小；可显著减少由液体流动引起的振动和噪声；防冻裂；可减少结露现象并减少热损失；重量轻、安装简单；使用寿命长，在规定使用条件下可使用 50 年。PP 管材及配件之间采用热熔连接。PP 管与金属管件连接时，采用带金属嵌件的聚丙烯管件作为过渡，该管件与 PP 管采用热熔连接，与金属管采用丝扣连接。

6. 不同建筑、不同公称通径室内、外给水管道适用的管材

给水管道管材选用表

管道类别		条件	适用管材	建筑物性质
室内	冷水管	DN≤150mm	低压流体输送用镀锌焊接钢管	一般民用建筑
		DN≥150mm	镀锌无缝钢管	
		De≤160mm	给水硬聚氯乙烯管	
		De≤63mm	给水聚丙烯管、衬塑铝合金管	一般或高级民用建筑
		DN≤150mm	薄壁铜管	高级、高层民用建筑
		DN≥150mm	球墨铸铁管（总立管）	

续表

管道类别		条件	适用管材	建筑物性质
室内	热水管	DN≤150mm	低压流体输送用镀锌焊接钢管	一般民用建筑
			薄壁钢管	高级民用建筑
		De≤63mm	给水聚丙烯管、衬塑铝合金管	
	饮用水	DN≤150mm	薄壁铜管、不锈钢管	
		De≤63mm	给水聚丙烯管、衬塑铝合金管	
室外	冷水管	DN≤150mm	低压流体输送用镀锌焊接钢管	地上
		DN≤65mm	低压流体输送用镀锌焊接钢管	地下
		DN≥80mm	给水铸铁管或球墨铸铁管	
		De=20～630mm	给水硬聚氯乙烯管	

7. 引入管、干管、立管、支管的安装要求

引入管敷设。环状管网和枝状管网应有 2 条或 2 条以上引入管，或采用贮水池或增设第二水源。每条引入管上应装设阀门和水表、止回阀。当生活和消防共用给水系统，且只有一条引入管时，应绕水表旁设旁通管，旁通管上设阀门。

干管安装。给水管应敷设在排水管、冷冻水管上面或热水管、蒸汽管下面。如果给水管必须铺在排水管的下面时，应加设套管，其长度不小于排水管径的 3 倍。给水管道穿地下室外墙或构筑物墙壁时，宜采用防水套管。

冷、热给水管上下并行安装时，热水管在冷水管的上面；垂直并行安装时，热水管在冷水管的左侧。

8. 防腐，防冻、防结露，水压试验，管道冲洗、消毒

埋地的钢管、铸铁管在敷设前一般采用涂刷热沥青绝缘防腐。

管道防冻、防结露应在水压试验合格后进行。

室内给水管道试验压力为工作压力的 1.5 倍，但不得小于 0.6MPa。

生活给水系统管道试压合格后，在交付使用之前必须进行冲

洗和消毒。冲洗顺序应先室外，后室内；先地下，后地上；室内部分的冲洗应按配水干管、配水管、配水支管的顺序进行。冲洗前，节流阀、止回阀阀芯和报警阀等应拆除，已安装的孔板、喷嘴、滤网等装置也应拆下保管好，待冲洗后及时复位。

饮用水管道在使用前用每升水中含 20～30mg 游离氯的水灌满管道进行消毒，水在管道中停留 24h 以上。

9. 水表、阀门、倒流防止器的安装要求

安装螺翼式水表，表前与阀门应有 8～10 倍水表直径的直线管段，其他（旋翼式、容积活塞式等）水表的前后应有不小于 300mm 的直线管段。

公称直径 DN≤50mm 时，宜采用闸阀或球阀；DN＞50mm 时，宜采用闸阀或蝶阀；在双向流动和经常启闭管段上，宜采用闸阀或蝶阀，不经常启闭而又需快速启闭的阀门，应采用快开阀。

止回阀应装设在：相互连通的 2 条或 2 条以上的和室内连通的每条引入管；利用室外管网压力进水的水箱，其进水管和出水管合并为一条的出水管道；消防水泵接合器的引入管和水箱消防出水管；生产设备可能产生的水压高于室内给水管网水压的配水支管；水泵出水管和升压给水方式的水泵旁通管。

倒流防止器。连接方式有螺纹连接和法兰连接。倒流防止器应安装在水平位置；两端宜安装维修闸阀，进口前宜安装过滤器，至少一端应装有可挠性接头。

10. 水泵设置要求

室外给水管网允许直接吸水时，吸水管上装阀门、止回阀和压力表，并应绕水泵设置装有阀门的旁通管。每台水泵的出水管上应装设止回阀、阀门和压力表，并应设防水锤措施。备用泵的容量应与最大一台水泵相同。

11. 铸铁排水管接口类型

A 型柔性法兰接口具有曲挠性、伸缩性、密封性及抗震性等性能，施工方便，广泛用于高层及超高层建筑及地震区的室内排水管道。W型无承口柔性接口采用橡胶圈不锈钢带连接，安装时立管距墙尺寸小、接头轻巧、外形美观，节省管材、拆装方便、便与维修更换。

一般排水横干管、首层出户管宜采用 A 型管；排水立管及排水支管宜采用 W 型管。

12. 塑料排水管的特点及安装要求

UPVC 排水管物化性能优良，耐化学腐蚀，抗冲强度高，流体阻力小，耐老化，使用年限不低于 50 年；质轻耐用，安装方便，施工费用相对较低。塑料管道熔点低、耐热性差，高层建筑中明设排水塑料管道应设置阻火圈或防火套管。UPVC 排水管每层立管及较长的横管上均要求设置伸缩节。

敷设在高层建筑室内的塑料排水管道管径≥110mm 时，应在下列位置设置阻火圈：明敷立管穿越楼层的贯穿部位；横管穿越防火分区的隔墙和防火墙的两侧；横管穿越管道井井壁或管廊围护墙体的贯穿部位外侧。

13. 排出管、排水立管、排水横支管、通气管的安装要求

排出管穿地下室外墙或地下构筑物的墙壁时应设防水套管。排出管与室外排水管连接处设置检查井。检查井中心至建筑物外墙的距离不小于 3m，不大于 10m。排出管在隐蔽前必须做灌水试验，其灌水高度应不低于底层卫生器具的上边缘或底层地面的高度。

排水立管宜靠近外墙，在垂直方向转弯时，应采用乙字弯或两个 45°弯头。立管上的检查口与外墙成 45°角。立管上管卡间距不得大于 3m，承插管每个接头处均应设置管卡。排水立管应做通球试验。

排水横支管与立管连接，宜采用 45°斜三通或 45°斜四通和顺水三通或顺水四通。卫生器具排水管与排水横支管连接时，宜采用 90°斜三通。排水横支管、立管应做灌水试验。

伸顶通气管高出屋面不得小于 0.3m，且必须大于最大积雪厚度。在通气管口周围 4m 以内有门窗时，通气管口应高出门窗

顶 0.6m 或引向无门窗一侧。在经常有人停留的平屋面上，通气管口应高出屋面 2.0m。伸顶通气管的管径不小于排水立管的管径。

连接 4 个及以上卫生器具并与立管的距离大于 12m 的污水横支管和连接 6 个及以上大便器的污水横支管应设环形通气管。环形通气管在横支管最始端的两个卫生器具间接出，并在排水支管中心线以上与排水管呈垂直或 45°连接。

专用通气立管应每隔 2 层，主通气立管每隔 8～10 层与排水立管以结合通气管连接。

14. 热水供应管道及附件安装要求

闭式水加热器和贮水器的给水供水管、开式加热水箱与其补给水箱的连通管、热水供应管网的回水管、循环水泵出水管上均应安装止回阀；热媒为蒸汽的管道应在疏水器后安装止回阀。

集水器、分水器、分汽缸上应设置安全阀。

室内热水供应管道长度超过 40m 时应设套管伸缩器或方形补偿器。

15. 检查口和清扫口的安装要求

检查口为双向清通，清扫口仅可单向清通。

立管上检查口之间的距离不大于 10m，但在最低层和设有卫生器具的二层以上坡屋顶建筑物的最高层设置检查口，平顶建筑可用通气管顶口代替检查口。立管上如有乙字管，则在该层乙字管的上部应设检查口。

在连接 2 个及以上的大便器或 3 个及以上的卫生器具的污水横管上，应设清扫口。在转弯角度小于 135°的污水横管的直线管段，应按一定距离设置检查口或清扫口。污水横管上如设清扫口，应将清扫口设置在楼板或地坪上与地面相平。

16. 区分不同热网的布置形式和特点

枝状管网。热水管网最普遍采用的形式，布置简单，基建投资少，运行管理方便。

环状管网。投资大，运行管理复杂，管网要有较高的自动控制措施。

辐射管网。管网控制方便，可实现分片供热，但投资和材料耗量大，比较适用于面积较小、厂房密集的小型工厂。

17. 机械循环热水采暖系统、热风采暖系统、低温热水地板辐射采暖系统、分户热计量采暖系统

双管上供下回式机械循环热水采暖系统是最常用的双管系统做法，适用于多层建筑采暖，排气方便，室温可调节，但易产生垂直失调。

热风采暖系统适用于耗热量大的建筑物，间歇使用的房间和有防火防爆要求的车间。其具有热惰性小、升温快、设备简单、投资省等优点。

低温热水地板辐射采暖系统的采暖管敷设形式有平行排管、蛇形排管、蛇形盘管。

分户水平放射式系统又称"章鱼式"。在每户的供热管道入口设小型分水器和集水器，各组散热器并联，适用于多层住宅多个用户的分户热计量系统。

18. 区分采暖系统不同水泵的设置要求

循环水泵。提供的扬程应等于水从热源经管路送到末端设备再回到热源一个闭合环路的阻力损失。一般将循环水泵设在回水干管上。

中继泵。当供热区域地形复杂或供热距离很长，或热水网路扩建等原因，使换热站入口处热网资用压头不满足用户需要时，可设中继泵。

19. 不同材质散热器的特点和适用范围

铸铁散热器。结构简单，防腐性好，使用寿命长、热稳定性好、价格便宜；其金属耗量大、传热系数低于钢制散热器、承压能力低；使用过程中易造成热量表、温控阀堵塞，外形欠美观。

钢制散热器的特点（与铸铁相比）：金属耗量少，传热系数高；耐压强度高，外形美观整洁，占地小，便于布置，适用于高层建筑供暖、高温水供暖系统、大型别墅或大户型住宅使用。钢

制散热器热稳定性较差，在供水温度偏低而又采用间歇供暖时，散热效果明显降低；耐腐蚀性差，使用寿命比铸铁散热器短。在蒸汽供暖系统中及具有腐蚀性气体的生产厂房或相对湿度较大的房间不宜采用钢制散热器。

20. 不同结构类型散热器的特点和适用范围

钢制板式散热器。新型高效节能散热器，装饰性强，小体积能达到最佳散热效果，无须加暖气罩，最大限度减小室内占用空间，提高了房间的利用率。

钢制翅片管对流散热器。结构紧凑，气密性好，安装方便；既适用于蒸汽系统，又适用于热水系统，主要用于热风采暖、空气调节系统及干燥装置的空气加热。

光排管散热器。构造简单、制作方便，使用年限长、散热快、散热面积大、适用范围广、易于清洁、无须维护保养，是自行供热的车间厂房首选的散热设备，也适用于灰尘较大的车间。缺点是较笨重、耗钢材、占地面积大。

21. 散热器的选用、膨胀水箱、减压器、锁闭阀、平衡阀安装

散热器的选用。钢制 pH＝10～12；铝制 pH＝5～8.5；铜制 pH＝7.5～10。

闭式低位膨胀水箱为气压罐，既能解决系统中水的膨胀问题，又可与锅炉自动补水和系统稳压结合，宜安装在锅炉房内。

减压器。一般由压力表、安全阀、过滤器、旁通阀以及检修时的控制阀门组成。减压器与管道之间采用螺纹连接或法兰连接。减压器应垂直安装。

锁闭阀。具有调节、锁闭两种功能，既可在供热计量系统中作为强制收费的管理手段，又可在常规采暖系统中利用其调节功能，避免用户随意调节，维持系统正常运行。

平衡阀。用于规模较大的供暖或空调水系统的水力平衡。平衡阀宜安装在水温较低的回水管上，总管上的平衡阀安装在供水总管水泵后，平衡阀尽可能安装在直管段上。

22. 采暖管材的选用与安装要求

室外采暖管道采用无缝钢管和钢板卷焊管，室内的采用焊接钢管或镀锌钢管。钢管的连接可采用焊接、法兰连接和丝扣连接。

采暖管道安装要求：管径大于 32mm 宜采用焊接或法兰连接；管道最高点安装排气装置，最低点安装泄水装置；管道穿过墙或楼板，应设置填料套管。穿外墙或基础时，应加设防水套管。套管直径比管道直径大两号为宜。供回水干管的共用立管宜采用热镀锌钢管螺纹连接。一对共用立管每层连接的户数不宜大于三户。

23. 采暖系统试压与试运行要求

室内采暖系统试压前，在试压系统最高点设排气阀，在系统最低点装设手压泵或电泵。打开系统中全部阀门，但需关闭与室外系统相通的阀门。

系统启动时开放用户顺序是从远到近，即先开放离热源远的用户，再逐渐地开放离热源近的用户。不可以先开放大的热用户，再开放小的热用户。

24. 调压器安装要求

调压器的燃气进、出口管道之间应设旁通管。中压燃气调压站室外进口管道上，应设置阀门。调压器及过滤器前后均应设置指示式压力表，调压器后应设置自动记录式压力仪表。放散管管口应高出调压站屋檐 1.0m 以上。

25. 室外燃气管道管材的选用及安装要求

天然气输送钢管为无缝钢管和螺旋缝埋弧焊接钢管。燃气用球墨铸铁管适用于中压 A 级及以下级别的燃气。接口形式常采用机械柔性接口和法兰接口，适用于燃气管道的塑料管主要是聚乙烯（PE）管。

燃气聚乙烯（PE）管：采用电熔连接或热熔连接，不得采用螺纹连接和黏结。聚乙烯管与金属管道连接，采用钢塑过渡接头连接。De≤90mm 时宜采用电熔连接，De≥110mm 时宜采用热熔连接。

26. 室内燃气管道管材的选用及安装要求

低压管道当管径 DN＜50mm 时，选用镀锌钢管，螺纹连接；当管径 DN＞50mm 时，选用无缝钢管，焊接或法兰连接。

中压管道选用无缝钢管，焊接或法兰连接。

明装采用镀锌钢管，丝扣连接；埋地敷设采用无缝钢管，焊接。无缝钢管壁厚不得小于 3mm；引入管壁厚不得小于 3.5mm，公称直径不得小于 40mm。

27. 燃气管道的吹扫、探伤及试压要求

燃气管在安装完毕、压力试验前用压缩空气进行吹扫，流速不宜低于 20m/s，吹扫压力不应大于工作压力；室内燃气管道安装完毕后必须接规定进行强度和严密性试验，试验介质宜采用空气，严禁用水；中压 B 级天然气管道全部焊缝需 100％超声波无损探伤，地下管 100％X 光拍片，地上管 30％X 光拍片。

28. 给排水、采暖、燃气管道工程量计算规则

给水管道室内外界限划分：以建筑物外墙皮 1.5m 为界，入口处设阀门者以阀门为界。

排水管道室内外界限划分：以出户第一个排水检查井为界。

采暖管道室内外界限划分：以建筑物外墙皮 1.5m 为界，入口处设阀门者以阀门为界。

燃气管道室内外界限划分：地下引入室内的管道以室内第一个阀门为界，地上引入室内的管道以墙外三通为界。

各类管道工程数量按设计图示管道中心线以长度计算，计量单位为"m"，管道工程量计算不扣除阀门、管件（包括减压器、疏水器、水表、伸缩器等组成安装）及附属构筑物所占长度；方形补偿器以其所占长度列入管道安装工程量。

给、排水附（配）件是指独立安装的水嘴、地漏、地面扫出口等。

铸铁散热器、钢制散热器和其他成品散热器等计量单位为"组"或"片"。光排管散热器计量单位为"m"。地板辐射采暖计量单位为"m^2"或"m"。

三、经典题型

1.【2020-61】优点是管线较短，无须高压水泵，投资较省，运行费用经济，缺点是不宜管理维护，上区供水受下区限制，占用建筑面积大。该供水方式为（　　）。

A. 高位水箱串联供水　　　　B. 高位水箱并联供水

C. 减压水箱供水　　　　　　D. 气压水箱供水

【答案】A

【解析】见要点释义 2。

2.【2018-62】高级民用建筑的室内给水系统安装，De≤63mm 的热水管，宜选用的管材有（　　）。

A. 给水聚丙烯管　　　　　　B. 给水硬聚氯乙烯管

C. 给水聚乙烯管　　　　　　D. 给水衬塑铝合金管

【答案】AD

【解析】见要点释义 6。

3.【2017-65】下列有关采暖管道安装说法正确的是（　　）。

A. 室内采暖管管径 DN＞32 宜采用焊接或法兰连接

B. 管径 DN≤32 不保温采暖双立管中心间距应为 50mm

C. 管道穿过墙或楼板，应设伸缩节

D. 一对共用立管每层连接的户数不宜大于四户

【答案】A

【解析】见要点释义 22。

4.【模拟题】铸铁排水管材宜采用 A 型柔性法兰接口的是（　　）。

A. 排水支管　　　　　　　　B. 排水立管

C. 排水横干管　　　　　　　D. 首层出户管

【答案】CD

【解析】见要点释义 11。

5.【模拟题】室外燃气聚乙烯（PE）管道安装采用的连接方式有（　　）。

A. 电熔连接   B. 螺纹连接
C. 黏结   D. 热熔连接

【答案】AD
【解析】见要点释义 25。

第二节　通风空调工程

一、主要知识点及考核要点

序号	知识点	考核要点
1	机械通风	机械送风、排风设置要求
2	全面通风	全面通风的类型及各自特点
3	除尘系统	不同除尘方法的设置特点及适用范围
4	有害气体净化方法	不同净化方法的特点和用途
5	事故通风系统	事故通风系统设置要求
6	防排烟方式	不同防排烟方式的适用范围
7	气力输送系统	不通气力输送方式的工作特点
8	空气幕系统	不同空气幕形式的特点和适用范围
9	按作用原理划分的通风机	按作用原理划分的通风机适用范围
10	按用途划分的通风机	按用途划分的通风机适用范围
11	风阀	风阀的类型划分
12	局部排风罩	不同排风罩的特点
13	除尘器	除尘器的类型及特点
14	消声器	不同类型消声器的消声原理
15	空气净化设备	不同空气净化设备的特点和适用范围
16	空调系统按空气处理设备的设置情况分类	区分按空气处理设备的设置情况进行分类的空调类别
17	空调系统按承担室内负荷的输送介质分类	区分按承担室内负荷的输送介质进行分类的空调类别

序号	知识点	考核要点
18	空调系统按所处理空气的来源分类	不同空调系统的特点和适用范围
19	典型空调系统介绍	不同空调系统的特点和适用范围
20	空调系统主要设备和部件	空调系统主要设备和部件的特点及用途
21	空调水系统	空调水系统的分类及特点
22	空调冷水机组	空调冷水机组的特点和用途
23	通风管道的断面形状	不同断面形状通风管道的适用范围
24	风管的制作和安装	风管的制作和安装要求
25	通风空调计算规则	通风空调计算规则

二、要点释义

1. 机械送风、排风设置要求

采暖地区新风入口处设置电动密闭阀，与风机联动，当风机停止工作时自动关闭阀门，以防止冬季冷风渗入。

风口宜设在污染物浓度较大的地方。当排风是潮湿空气时，宜采用玻璃钢或聚氯乙烯板制作，一般排风系统可用钢板制作。在采暖地区为防止风机停止时倒风，或洁净车间防止风机停止时含尘空气进入房间，常在风机出口管上装电动密闭阀，与风机联动。

2. 全面通风的类型及各自特点

单向流通风。通过有组织的气流流动，控制有害物的扩散和转移。具有通风量小、控制效果好等优点。

均匀通风。速度和方向完全一致的宽大气流称为均匀流，利用送风气流构成的均匀流把室内污染空气全部压出和置换。能有效排除室内污染气体，目前主要应用于汽车喷涂室等对气流、温度控制要求高的场所。

置换通风。送风分布器靠近地板，送风口面积大。低速、低温送风与室内分区流态是置换通风的重要特点。对送风的空气分布器要求较高，要求分布器能将低温的新风以较小的风速均匀送出，并能散布开来。

3. 不同除尘方法的设置特点及适用范围

分散除尘。除尘器和风机应尽量靠近产尘设备。系统风管较短，布置简单，系统压力容易平衡，由于除尘器分散布置，除尘器回收粉尘的处理较为麻烦。

集中除尘。适用于扬尘点比较集中，有条件采用大型除尘设施的车间。除尘设备集中维护管理，回收粉尘容易实现机械化处理。但系统管道复杂，压力平衡困难，初投资大，仅适用于少数大型工厂。

4. 不同净化方法的特点和用途

吸附法。广泛应用于低浓度有害气体的净化，特别是各种有机溶剂蒸汽，净化效率能达到100％。常用的吸附剂有活性炭、硅胶、活性氧化铝等。

吸收法。广泛应用于无机气体等有害气体的净化，同时进行除尘，适用于处理气体量大的场合。与其他净化方法相比，吸收法的费用较低。吸收法的缺点是还要对排水进行处理，净化效率难以达到100％。

静电法。可以净化较大气量，能够除去的粒子粒径范围较宽，可净化温度较高含尘烟气，广泛用于冶金、矿山、化工、制药、发电、冶炼等行业。

燃烧法。广泛应用于有机溶剂蒸汽和碳氢化合物的净化处理，也可除臭。

冷凝法。净化效率低，只适用于浓度高、冷凝温度高的有害蒸汽。

低浓度气体的净化通常采用吸收法和吸附法，是通风排气中有害气体的主要净化方法。

5. 事故通风系统设置要求

事故排风的室内排风口应设在有害气体或爆炸危险物质散发

量可能最大的地点。事故排风不设置进风系统补偿，室外排风口不应布置在人员经常停留或经常通行的地点，而且高出20m范围内最高建筑物的屋面3m以上。当其与机械送风系统进风口的水平距离小于20m时，应高于进风口6m以上。

6. 不同防排烟方式的适用范围

除建筑高度超过50m的一类公共建筑和建筑高度超过100m的居住建筑外，靠外墙的防烟楼梯间及其前室、消防电梯间前室和合用前室，宜采用自然排烟方式。不靠外墙或虽靠外墙但不能开窗者，可采用排烟竖井自然排烟。

加压防烟系统。造价高，主要用于高层建筑的垂直疏散通道和避难层（间）。垂直通道主要指防烟楼梯间和消防电梯，以及与之相连的前室和合用前室。在建筑高度过高或重要的建筑中，都必须采用加压送风防烟。

7. 不通气力输送方式的工作特点

气力输送系统中的吸送式和压送式常用。

负压吸送式输送能有效地收集物料，多用于集中式输送，即多点向一点输送，输送距离受到一定限制。

压送式输送系统的输送距离较长，适于分散输送，即一点向多点输送。

混合式气力输送系统吸料方便，输送距离长；可多点吸料，并压送至若干卸料点；缺点是结构复杂，风机的工作条件较差。

8. 不同空气幕形式的特点和适用范围

上送式空气幕。适用于一般公共建筑，是最有发展前途的一种形式，但挡风效率不如下送式空气幕。

侧送式空气幕。空气幕安装在门洞侧部。工业建筑，当外门宽度小于3m时，宜采用单侧送风，当外门宽度为3～18m时，宜采用单侧或双侧送风，或由上向下送风，装有侧送式空气幕的大门严禁向内开启。

9. 按作用原理划分的通风机适用范围

贯流式通风机。又叫横流风机。出风均匀，通风机的全压系数较大，效率较低，其进、出口均是矩形的，易与建筑配合，目前大量应用于空调挂机、空调扇、风幕机等设备产品中。

10. 按用途划分的通风机适用范围

防爆通风机。防爆等级低的通风机，叶轮用铝板制作，机壳用钢板制作；防爆等级高的通风机，叶轮、机壳均用铝板制作，并在机壳和轴之间增设密封装置。

防、排烟通风机。具有耐高温的显著特点。一般在温度高于300℃的情况下可连续运行40min以上。排烟风机一般装于室外，如装在室内应将冷却风管接到室外。

射流通风机。与普通轴流通风机相比，能提供较大的通风量和较高的风压。风机具有可逆转特性。可用于铁路、公路隧道的通风换气。

11. 风阀的类型划分

同时具有控制、调节两种功能的风阀：用于小断面风管的蝶式调节阀、菱形单叶调节阀和插板阀；主要用于大断面风管的有平行式多叶调节阀、对开式多叶调节阀和菱形多叶调节阀；用于管网分流或合流或旁通处的各支路风量调节的有复式多叶调节阀和三通调节阀。

只具有控制功能的风阀有：止回阀、防火阀和排烟阀。

12. 不同排风罩的特点

接受式排风罩。生产过程或设备本身会产生或诱导一定的气流运动，如高温热源上部的对流气流等，把排风罩设在污染气流前方，有害物会随气流直接进入罩内。

吹吸式排风罩。是利用射流能量密集、速度衰减慢，而吸气气流速度衰减快的特点，使有害物得到有效控制。具有风量小、控制效果好，抗干扰能力强，不影响工艺操作等特点。

13. 除尘器的类型及特点

惯性除尘器。常用的有气流折转式、重力挡板式、百叶板式与组合式。

湿式除尘器。结构简单，投资低，占地面积小，除尘效率高，能同时进行有害气体的净化，但不能干法回收物料，泥浆处理比较困难，有时要设置专门的废水处理系统。文氏管属于湿式除尘器。

过滤式除尘器。属高效过滤设备，应用非常广泛。分为袋式、颗粒层、空气过滤器。

静电除尘器。除尘效率高、耐温性能好、压力损失低；但一次投资高，钢材消耗多、要求较高的制造安装精度。

14. 不同类型消声器的消声原理

阻性消声器是利用敷设在气流通道内的多孔吸声材料来吸收声能，降低沿通道传播的噪声。具有良好的中、高频消声性能。

抗性消声器利用声波通道截面的突变（扩张或收缩）达到消声的目的。具有良好的低频或低中频消声性能。

扩散消声器。器壁上设许多小孔，气流经小孔喷射后，通过降压减速，达到消声的目的。

缓冲式消声器。利用多孔管和腔室阻抗作用，将脉冲流转化为平滑流。

阻抗复合消声器对低、中、高整个频段内的噪声均可获得较好的消声效果。

15. 不同空气净化设备的特点和适用范围

喷淋塔。阻力小，结构简单，塔内无运动部件。吸收率不高，仅适用于有害气体浓度低，处理气体量不大和同时需要除尘的情况。

填料塔。结构简单，阻力中等，应用较广。但不适用于有害气体与粉尘共存的场合，以免堵塞。

湍流塔。塔内设有开孔率较大的筛板，筛板上放置一定数量的轻质小球，加湿小球表面，进行吸收。

16. 区分按空气处理设备的设置情况进行分类的空调类别

集中式系统。如单风管系统和双风管系统。

半集中式系统。如风机盘管加新风系统为典型的半集中式系统。

17. 区分按承担室内负荷的输送介质进行分类的空调类别

全空气系统。如单风管系统、双风管系统、全空气诱导系统。

空气-水系统。如带盘管的诱导系统、风机盘管机组加新风系统。

全水系统。如风机盘管系统、辐射板系统。

18. 不同空调系统的特点和适用范围

封闭式系统。最节省能量，没有新风，仅适用于人员活动很少的场所，如仓库。

直流式系统。所处理的空气全部来自室外新风，系统消耗较多的冷量和热量。主要用于空调房间内产生有毒有害物质而不允许利用回风的场所。

混合式系统，一次回风将回风与新风在空气处理设备前混合，再一起进入空气处理设备，是空调中应用最广泛的形式，混合的目的在于利用回风的冷量或热量，来降低或提高新风温度；二次回风是一部分回风在空气处理设备前面与新风混合，另一部分不经过空气处理设备，直接与处理后的空气混合，二次混合的目的在于代替加热器提高送风温度。

19. 不同空调系统的特点和适用范围

定风量系统室内气流分布稳定，系统简单，能耗大；变风量系统是送风状态不变，用改变风量的办法来适应负荷变化，风量的变化可通过末端装置来实现。

诱导器系统是采用诱导器做末端装置的半集中式系统。诱导器系统能在房间就地回风，具有风管断面小、空气处理室小、空调机房占地少、风机耗电量少的优点。

风机盘管系统是设置风机盘管机组的半集中式系统，适用于空间不大、负荷密度高的场合，如高层宾馆、办公楼和医院病房。

分体式空调机组。室外机部分包括压缩机、冷凝器和冷凝器风机；室内机部分包括蒸发器、送风机、空气过滤器、加热器、加湿器。

变制冷剂流量空调系统节能，节省建筑空间，施工安装方便，施工周期短，尤其适用于改造工程。

20. 空调系统主要设备和部件的特点及用途

喷水室消耗金属少，容易加工，对水质要求高、占地面积大、水泵耗能多，在民用建筑中不再采用，但在以调节湿度为主要目的的空调中仍大量使用。

表面式换热器可以实现对空气减湿、加热、冷却多种处理过程。与喷水室相比，表面式换热器具有构造简单，占地少，对水的清洁度要求不高，水侧阻力小的特点。

高中效过滤器，去除 $1.0\mu m$ 以上的灰尘粒子，可做净化空调系统的中间过滤器和一般送风系统的末端过滤器，其滤料为无纺布或丙纶滤布；亚高效过滤器，去除 $0.5\mu m$ 以上的灰尘粒子，可做净化空调系统的中间过滤器和低级别净化空调系统的末端过滤器，其滤料为超细玻璃纤维滤纸和丙纶纤维滤纸；高效过滤器是净化空调系统的终端过滤设备和净化设备的核心，滤材是超细玻璃纤维滤纸。

21. 空调水系统的分类及特点

四管制空调水系统能同时满足供冷、供热的要求，且没有冷、热混合损失。但初投资高，管路系统复杂，且占有一定的空间。

同程式系统各并联环路的管路总长度基本相等，各用户盘管的水阻力大致相等，水力稳定性好，流量分配均匀，高层建筑的垂直立管通常采用同程式，水平管路系统范围大时亦采用同程式；异程式系统管路简单，投资较少，但水量分配、调节较难。

单级泵空调冷冻水系统简单、初投资省，民用建筑空调中采用最广泛。

空调系统的冷凝水管道宜采用聚氯乙烯塑料管或热镀锌钢管，不宜采用焊接钢管。聚氯乙烯塑料管可以不加防二次结露的保温层，镀锌钢管应设置保温层。

22. 空调冷水机组的特点和用途

活塞式冷水机组在民用建筑空调制冷中采用时间最长，使用数量最多。制造简单、价格低廉、运行可靠、使用灵活，在民用建筑空调中占重要地位。

离心式冷水机组是目前大中型商业建筑空调系统中使用最广泛的一种机组，质量轻、制冷系数较高、运行平稳、容量调节方便、噪声较低、维修及运行管理方便，缺点是小制冷量时机组能效比明显下降，负荷太低时可能发生喘振现象，使机组运行工况恶化。

螺杆式冷水机组结构简单、体积小、质量轻，可进行无级调节，低负荷时的能效比较高。运行比较平稳，易损件少，单级压缩比大，管理方便。

23. 不同断面形状通风管道的适用范围

通风风管（特别是除尘风管）都采用圆形管道，空调风管多采用矩形风管，高速风管宜采用圆形螺旋风管。

24. 风管的制作和安装要求

镀锌钢板及含有各类复合保护层的钢板应采用咬口连接，不得采用焊接连接；密封要求较高或板材较厚不能用咬口连接时，常采用焊接。风管焊接方法有电焊、气焊、锡焊及氩弧焊。

风管的加固。当风管的管段长度>1.2m时，管径>700mm的圆形风管可用扁钢平加固；边长≤800mm的矩形风管宜采用棱筋、棱线方法加固；中、高压风管应采用加固框的形式加固；复合风管一般采用内支撑加固，玻璃纤维复合风管的尺寸及工作压力超过一定数额时，应增设金属槽形框外加固，并用内支撑固定牢固。

法兰连接。不锈钢风管法兰连接的螺栓，宜用同材质的不锈钢制成；铝板风管法兰连接应采用镀锌螺栓，并在法兰两侧垫镀锌垫圈；硬聚氯乙烯风管和法兰连接，应采用镀锌螺栓或增强尼龙螺栓，螺栓与法兰接触处应加镀锌垫圈。

圆形风管无法兰连接形式有承插连接、芯管连接及抱箍连接；矩形风管无法兰连接形式有插条连接、立咬口连接及薄钢材法兰弹簧夹连接。

风管安装连接后，在刷油、绝热前应按规范进行严密性、漏风量检测。

低压风管试验压力应为 1.5 倍的工作压力；中压风管应为 1.2 倍的工作压力，且不低于 750Pa；高压风管应为 1.2 倍的工作压力。

25. 通风空调计算规则

风机盘管计量单位"台"；柔性接口计量单位为"m^2"；柔性软风管计量单位为"m"或"节"；静压箱的计量单位为"个"或"m^2"；通风工程检测、调试的计量单位为"系统"；风管漏光试验、漏风试验的计量单位为"m^2"；弯头导流叶片计量单位为"m^2"或"组"；风管检查孔计量单位为"千克"或"个"；温度、风量测定孔计量单位为"个"。

碳钢通风管道、净化通风管道、不锈钢板通风管道、铝板通风管道、塑料通风管道按设计图示内径尺寸以展开面积计算，计量单位为"m^2"。玻璃钢通风管道、复合型风管工程量是按设计图示外径尺寸以展开面积计算。

风管展开面积，不扣除检查孔、测定孔、送风口、吸风口等所占面积；风管长度一律以设计图示中心线长度为准（主管与支管以其中心线交点划分），包括弯头、三通、变径管、天圆地方等管件的长度，但不包括部件所占的长度。风管展开面积不包括风管、管口重叠部分面积。风管渐缩管：圆形风管按平均直径；矩形风管按平均周长。

三、经典题型

1.【2018-68】通过有组织的气流流动，控制有害物的扩散和转移，保证操作人员呼吸区内的空气达到卫生标准要求。它具有通风量小，控制效果好等优点。这种通风方式为（　　）。

A. 稀释通风   B. 单向流通风

C. 均匀流通风   D. 置换通风

【答案】B

【解析】见要点释义 2。

2. 【2017-72】风阀是空气输配管网的控制、调节机构，只具有控制功能的风阀为（   ）。

A. 插板阀   B. 止回阀

C. 防火阀   D. 排烟阀

【答案】BCD

【解析】见要点释义 11。

3. 【2016-73】高中效过滤器作为净化空调系统的中间过滤器，其材料应为（   ）。

A. 无纺布   B. 丙纶滤布

C. 丙纶纤维滤纸   D. 玻璃纤维滤纸

【答案】AB

【解析】见要点释义 20。

4. 【模拟题】吸料方便，输送距离长，可多点吸料并压送至若干卸料点，结构复杂，风机工作条件较差的气力输送形式是（   ）。

A. 吸送式   B. 循环式   C. 混合式   D. 压送式

【答案】C

【解析】见要点释义 7。

5. 【模拟题】具有制造简单、价格低廉、运行可靠、使用灵活等优点，在民用建筑空调制冷中采用时间最长，使用数量最多的一种机组是（   ）。

A. 活塞式冷水机组   B. 离心式冷水机组

C. 螺杆式冷水机组   D. 冷风机组

【答案】A

【解析】见要点释义 22。

第三节　工业管道工程

一、主要知识点及考核要点

序号	知识点	考核要点
1	热力管道布置形式	热力管道布置形式的特点
2	热力管道架空敷设	热力管道架空敷设的类型及特点
3	热力管道地沟敷设	热力管道地沟敷设的形式及特点
4	热力管道直接埋地敷设	热力管道直接埋地敷设要求
5	热力管道安装	热力管道安装要求
6	热力管道上补偿器安装	热力管道上补偿器安装要求
7	压缩空气站设备	压缩空气站设备的类型
8	压缩空气站管路系统	区分压缩空气站各种管路
9	压缩空气管道的安装	压缩空气管道的安装要求
10	夹套管的组成	夹套管的组成与形式
11	夹套管的安装	夹套管的安装要求
12	合金钢管安装	合金钢管安装要求
13	不锈钢管道安装	不锈钢管道安装要求
14	钛及钛合金管道安装	钛及钛合金管道安装要求
15	铝及铝合金管道安装	铝及铝合金管道安装要求
16	铜及铜合金管道安装	铜及铜合金管道安装要求
17	塑料管道安装	塑料管道安装要求
18	衬胶管道安装	衬胶管道安装要求
19	高压管道的分级及要求	高压管道、阀门检验及高压管件的选用
20	高压管道弯管加工	高压管道弯管加工要求
21	高压管道安装	高压管道安装要求
22	工业管道相关工程量计算规则	工业管道相关工程量计算规则

二、要点释义

1. 热力管道布置形式的特点

枝状管网简单，造价低，运行管理方便，没有供热的后备性能；环状管网具有供热的后备性能，但投资和钢材耗量比枝状管网大得多；对于不允许中断供汽的企业可采用复线枝状管网。

2. 热力管道架空敷设的类型及特点

架空敷设便于施工、操作、检查和维修，比较经济，但占地面积大，管道热损失较大。低支架敷设的管道保温层外壳距地面的净高不小于 0.3m；中支架敷设在人行频繁、非机动车辆通行的地方，其净高为 2.5～4.0m；高支架敷设在管道跨越公路或铁路时采用，净高为 4.5～6.0m。

3. 热力管道地沟敷设的形式及特点

通行地沟敷设。当热力管道通过不允许开挖的路段时；热力管道数量多或管径较大；地沟内任一侧管道垂直排列宽度超过 1.5m 时，采用通行地沟敷设。通行地沟净高不应低于 1.8m，通道宽度不应小于 0.7m。

半通行地沟敷设。当热力管道通过的地面不允许开挖；或管道数量较多、采用通行地沟难以实现或经济不合理时，可采用半通行地沟敷设。半通行地沟一般净高为 1.2～1.4m，通道净宽 0.5～0.6m，长度超过 60m 应设检修出入口。

不通行地沟敷设。管道数量少、管径较小、距离较短，以及维修工作量不大时，宜采用不通行地沟敷设。不通行地沟内管道一般采用单排水平敷设。

地沟内热力管道的分支处装有阀门、仪表、疏排水装置、除污器等附件时，应设置检查井或人孔。在热力管沟内严禁敷设易燃易爆、易挥发、有毒、腐蚀性的液体或气体管道。如必须穿越地沟，应加装防护套管。

4. 热力管道直接埋地敷设要求

直接埋地敷设一般采用预制直埋保温管，工作钢管层一般选用无缝钢管、螺旋焊钢管和直缝焊钢管。在补偿器和自然转弯处应设不通行地沟，沟的两端宜设置导向支架，保证其自由位移。在阀门等易损部件处，应设置检查井。

5. 热力管道安装要求

蒸汽支管应从主管上方或侧面接出，热水管应从主管下部或侧面接出。

水平管道变径时应采用偏心异径管连接，当输送介质为蒸汽时，取管底平以利排水；输送介质为热水时，取管顶平，以利排气。

蒸汽管道一般敷设在其前进方向的右侧，凝结水管道敷设在左侧。热水管道敷设在右侧，而回水管道敷设在左侧。

直接埋地热力管道穿越铁路、公路时交角不小于 $45°$，管顶距铁路轨面不小于 $1.2m$，距道路路面不小于 $0.7m$，并应加设套管，套管伸出铁路路基和道路边缘不应小于 $1m$。

减压阀应垂直安装在水平管道上。减压阀组一般设在离地面 $1.2m$ 处，如设在离地面 $3m$ 左右处时，应设置永久性操作平台。

6. 热力管道上补偿器安装要求

水平安装的方形补偿器应与管道保持同一坡度，垂直臂应呈水平。垂直安装时，应有排水、疏水装置。

方形补偿器两侧的第一个支架宜设置在距补偿器弯头起弯点 $0.5\sim1.0m$ 处，支架为滑动支架。导向支架只宜设在离弯头 DN40 以外处。

填料式补偿器活动侧管道的支架应为导向支架。单向填料式补偿器应装在固定支架附近。双向填料式补偿器安装在固定支架中间。

7. 压缩空气站设备的类型

空气压缩机。最广泛采用的是活塞式空气压缩机。在大型压缩空气站中，较多采用离心式或轴流式空气压缩机。

空气过滤器。有金属网、填充纤维、自动浸油和袋式。

后冷却器。有列管式、散热片式、套管式。

贮气罐。目的是减弱压缩机排气的周期性脉动，稳定管网压力，进一步分离空气中的油和水分。

油水分离器。有环形回转式、撞击折回式和离心旋转式。

空气干燥器。常用的有吸附法和冷冻法。

8. 区分压缩空气站各种管路

空气管路是从空气压缩机进气管到贮气罐后的输气总管。在压缩机与贮气罐之间的管路上需安装止回阀。

负荷调节管路是指从贮气罐到压缩机入口处减荷阀的一段管路。利用从贮气罐返流气体压力的变化，自动关闭或打开减荷阀，控制系统的供气量。

放散管是指压缩机至后冷却器或贮气罐之间排气管上安装的手动放空管。在压缩机启动时打开放散管，使压缩机能空载启动。

9. 压缩空气管道的安装要求

压缩空气管道一般选用低压流体输送用焊接镀锌钢管及无缝钢管。公称通径小于50mm，采用螺纹连接，以白漆麻丝或聚四氟乙烯生料带作填料；公称通径大于50mm，宜采用焊接方式连接。

管路弯头应尽量采用煨弯，其弯曲半径一般为4D（D代表管道直径），不应小于3D。

从总管或干管上引出支管时，必须从总管或干管的顶部引出，接至离地面1.2～1.5m处，并装一个分气筒，分气筒上装有软管接头。

压缩空气管道安装完毕后，应进行强度和严密性试验，试验介质一般为水。

强度及严密性试验合格后进行气密性试验，试验介质为压缩空气或无油压缩空气。气密性试验压力为1.05P（P代表设计压力）。

10. 夹套管的组成与形式

内管输送的介质为工艺物料，外管的介质为蒸汽、热水、冷媒或联苯热载体等。一般工艺夹套管多采用内管焊缝外露型。

11. 夹套管的安装要求

直管段对接焊缝的间距，内管不应小于 200mm，外管不应小于 100mm；夹套管穿墙、平台或楼板，应装设套管和挡水环；内管焊缝应进行 100％射线检测；内管加工完毕后，焊接部位应裸露进行压力试验。夹套管加工完毕后，套管部分应按设计压力的 1.5 倍进行压力试验；真空系统在严密性试验合格后，进行真空度试验，时间为 24h，系统增压率不大于 5％为合格；联苯热载体夹套的外管，应用联苯、氮气或压缩空气进行试验，不得用水进行压力试验；凡不能吹扫的管道、设备、阀门、仪表等，应拆除或用盲板隔离。夹套管内管应用干燥无油压缩空气进行系统吹扫，气体流速不小于 20m/s。蒸汽夹套系统用低压蒸汽吹扫，吹扫顺序为先主管，后支管，最后进入夹套管的环隙。操作时需充分暖管。

12. 合金钢管安装要求

合金管道宜采用机械方法切断。

合金钢管道的焊接，底层应采用手工氩弧焊，其上各层可用手工电弧焊接成型。

13. 不锈钢管道安装要求

不锈钢宜采用机械和等离子切割。应使用不锈钢专用砂轮片，不得使用切割碳素钢管的砂轮。

不锈钢管坡口宜采用机械、等离子切割机、砂轮机等制作。

不锈钢管焊接一般可采用手工电弧焊及氩弧焊。薄壁管可采用钨极惰性气体保护焊，壁厚大于 3mm 时，应采用氩电联焊。不锈钢管道焊接时，在焊口两侧各 100mm 范围内，采取防护措施，如用非金属片遮住或涂白垩粉。

法兰连接可采用焊接法兰、焊环活套法兰、翻边活套法兰。不锈钢法兰应使用不锈钢螺栓；不锈钢法兰使用的非金属垫片，其氯离子含量不得超过 25ppm（$\times 10^{-6}$）。

不锈钢管道穿过墙壁、楼板时，应加设套管。

不锈钢管组对时，采用螺栓连接形式。严禁将碳素钢卡具焊接在不锈钢管口上用来对口。

14. 钛及钛合金管道安装要求

应采用机械方法切割，不得使用火焰切割。坡口宜采用机械方法加工。砂轮切割应采用专用砂轮片。

采用惰性气体保护焊或真空焊，不能采用氧-乙炔焊、二氧化碳气体保护焊、普通手工电弧焊。

15. 铝及铝合金管道安装要求

铝管的最高使用温度不得超过 200℃；对于有压力的管道，使用温度不得超过 160℃。在低温深冷工程的管道中较多采用铝及铝合金管。

切割可用手工锯条、机械（锯床、车床等）及砂轮机，不得使用火焰切割；坡口宜采用机械加工，不得使用氧-乙炔等火焰。

一般采用焊接和法兰连接，焊接可采用手工钨极氩弧焊、氧-乙炔焊及熔化极半自动氩弧焊。

管子与支架之间须垫毛毡、橡胶板、软塑料等进行隔离。

管道保温时，不得使用石棉绳、石棉板、玻璃棉等带有碱性的材料，应选用中性的保温材料。

16. 铜及铜合金管道安装要求

铜及铜金管的切断可采用手工钢锯、砂轮切管机；制坡口宜采用手工锉；厚壁管可采用机械方法加工；不得用氧-乙炔焰切割坡口。

铜及铜合金管的连接方式有螺纹连接、焊接（承插焊和对口焊）、法兰连接（焊接法兰、翻边活套法兰和焊环活套法兰）。大口径铜及铜合金对口焊接也可用加衬焊环的方法焊接。

17. 塑料管道安装要求

粘接法主要用于硬 PVC 管、ABS 管的连接，广泛应用于排水系统。塑料管粘接必须采用承插口形式。

焊接主要用于聚烯烃管，如低密度聚乙烯管，高密度聚乙烯管及聚丙烯管。管径小于 200mm 时一般应采用承插口焊接，管径大于 200mm 的管子可采用直接对焊。焊接一般采用热风焊。

电熔合连接。应用于 PP-R 管、PB 管、PE-RT 管、金属复合管等新型管材与管件连接，是目前家装给水系统应用最广的连接方式。

18. 衬胶管道安装要求

衬里用橡胶一般不单独采用软橡胶，通常采用硬橡胶或半硬橡胶，或采用硬橡胶（半硬橡胶）与软橡胶复合衬里。衬胶管与管件的基体一般为碳钢、铸铁，要求表面平整，无砂眼、气孔等缺陷，大多采用无缝钢管。现场加工的钢制弯管，弯曲角度不应大于 90°，弯曲半径不小于管外径的 4 倍，且只允许一个平面弯。管段及管件的机械加工，焊接、热处理等应在衬里前进行完毕。

19. 高压管道、阀门检验及高压管件的选用

高压管道是指工作压力为 10MPa$<P\leqslant$42MPa 的管道，对于工作压力 $P\geqslant$9.0MPa 且工作温度$\geqslant$500℃ 的蒸汽管道，也可升级为高压管道。

高压钢管外表面探伤：公称直径大于 6mm 的磁性高压钢管采用磁力法；非磁性高压钢管采用荧光法或着色法。经过磁力、荧光、着色等方法探伤的公称直径大于 6mm 的高压钢管，还应进行超声波探伤。

高压阀门应逐个进行强度和严密性试验。强度试验压力等于阀门公称压力的 1.5 倍，严密性试验压力等于公称压力。

20. 高压管道弯管加工要求

高压管子应尽量采用冷弯，冷弯后可不进行热处理。

奥氏体不锈钢管热弯时，加热温度以 900～1000℃ 为宜，热弯后须整体进行固溶淬火处理。做晶间腐蚀倾向试验如有不合格者，则全部做热处理，热处理不得超过 3 次。

要求高压管子中心线弯曲半径 $R\geqslant5D$（管子外径）；最小直边长度 $L\geqslant1.3D$（但不大于 60mm）。

21. 高压管道安装要求

高压管道的焊缝坡口应采用机械方法。当壁厚小于 16mm 时，采用 V 形坡口；壁厚为 7～34mm 时，可采用 V 形坡口或 U 形坡口。

高压管子焊接宜采用转动平焊。

高压管子若采用 X 射线探伤，转动平焊抽查 20%，固定焊 100%透视；若采用超声波探伤，100%检查；每道焊缝的返修次数不得超过一次。

22. 工业管道相关工程量计算规则

各种工业管道安装工程量，均按设计管道中心线长度，以"米"计算，不扣除阀门及各种管件所占长度。遇弯管时，按两管交叉的中心线交点计算。室外埋设管道不扣除附属构筑物（井）所占长度；方形补偿器以其所占长度列入管道安装工程量。

管件压力试验、吹扫、清洗、脱脂均包括在管道安装中。在主管上挖眼接管的三通和摔制异径管，均以主管径按管件安装工程量计算，不另计制作费和主材费；三通、四通、异径管均按大管径计算。管件用法兰连接时执行法兰安装项目，管件本身不再计算安装。

减压阀直径按高压侧计算。电动阀门包括电动机安装。

法兰按设计图示数量以"副（片）"计算。配法兰的盲板不计安装工程量。焊接盲板（封头）按管件连接计算工程量。

异径管按大口径计算，三通按主管口径计算。

管材表面超声波探伤、磁粉探伤以"m"或"m²"为计量单位；管道焊缝 X 光射线、γ 射线探伤以"张"或"口"计算。管道焊缝超声波探伤、磁粉探伤、渗透探伤、焊口及其焊前焊后热处理以"口"计算。

三、经典题型

1.【2018-75】当热力管道数量少、管径较小，单排水平敷设，距离较短、维修工作量不大和需要地下敷设时，宜采用敷设方式为（　　）。

A. 通行地沟敷设　　　　　　B. 半通行地沟敷设

C. 不通行地沟敷设　　　　　D. 直接埋地敷设

【答案】C

【解析】见要点释义 3。

2.【2016-77】在一般的压缩空气站中，最广泛采用的空气压缩机形式为（　　）。

A. 活塞式　　　B. 回转式　　　C. 离心式　　　D. 轴流式

【答案】A

【解析】见要点释义 7。

3.【2018-78】衬胶管道的衬里，通常采用的橡胶材料有（　　）。

A. 软橡胶　　　　　　　　B. 半硬橡胶

C. 硬橡胶　　　　　　　　D. 硬橡胶与软橡胶复合

【答案】BCD

【解析】见要点释义 18。

4.【模拟题】联苯热载体夹套的外管进行压力试验，不得采用的介质是（　　）。

A. 联苯　　　　　　　　　B. 氮气

C. 水　　　　　　　　　　D. 压缩空气

【答案】C

【解析】见要点释义 11。

5.【模拟题】铝及铝合金管切割时一般采用（　　）。

A. 砂轮机　　　　　　　　B. 车床切割

C. 氧-乙炔火焰切割　　　　D. 手工锯条切割

【答案】ABD

【解析】见要点释义 15。

第四节　静置设备与工艺金属结构工程

一、主要知识点及考核要点

序号	知识点	考核要点
1	压力容器按设计压力分类	压力容器按设计压力划分的种类

序号	知识点	考核要点
2	板式塔	各种类型板式塔的特点
3	填料塔	填料塔的特点及对填料的要求
4	常用的换热器	区分不同换热器的特点和适用范围
5	内浮顶储罐	内浮顶储罐的特点
6	金属油罐的安装施工方法	各类油罐的施工方法选定
7	金属油罐的试验	金属油罐试验方法的选用
8	不同类型球罐的特点	区分不同类型球罐的特点
9	球罐的拼装方法	区分球罐的拼装方法及适用范围
10	球罐的热处理	球罐的焊后热处理及整体热处理目的
11	球罐焊缝检查	球罐焊缝的无损探伤
12	球罐水压试验	球罐水压试验的要求
13	气柜种类及结构形式	区分不同类型气柜的特点
14	气柜安装质量检验	气柜安装质量检验要求
15	金属工艺结构的制作和安装	工艺金属结构件的种类
16	火炬及排气筒的制作和安装	火炬及排气筒的制作和安装要求
17	静置设备无损检测	静置设备无损检测的适用范围
18	静置设备工程计量	静置设备工程计量

二、要点释义

1. 压力容器按设计压力划分的种类

高压容器：$10MPa \leqslant P < 100MPa$；

中压容器：$1.6MPa \leqslant P < 10MPa$；

低压容器：$0.1MPa \leqslant P < 1.6MPa$。

2. 各种类型板式塔的特点

泡罩塔有较好的操作弹性；塔板不易堵塞，对于各种物料的适应性强；塔板结构复杂，金属耗量大，造价高，生产能力不大。

筛板塔结构简单，金属耗量小，造价低廉；生产能力及板效率较泡罩塔高；操作弹性范围较小，小孔筛板易堵塞。

浮阀塔是国内许多工厂进行蒸馏操作时较多采用的一种塔型。生产能力大，操作弹性大，塔板效率高，气体压降及液面落差较小，塔造价较低。

舌形喷射塔的塔板开孔率较大，生产能力比泡罩、筛板等塔型都大，且操作灵敏、压降小。舌型塔板对负荷波动的适应能力较差。

浮动喷射塔生产能力大，操作弹性大，压降小，持液量小；操作波动较大时液体入口处泄漏较多；液量小时，板上易"干吹"；液量大时，板上液体出现水浪式的脉动，使板效率降低。塔板结构复杂，浮板也易磨损及脱落。

3. 填料塔的特点及对填料的要求

填料塔结构简单，阻力小、便于用耐腐材料制造，尤其对于直径较小的塔，处理有腐蚀性的物料或减压蒸馏系统、液气比较大的蒸馏或吸收操作宜采用填料塔。

填料是填料塔的核心，应用最广的是垂直波纹填料。要求填料有较大的比表面积，有良好的润湿性能及有利于液体在填料上均匀分布的形状；有较高的空隙率，操作弹性范围较宽；要求单位体积填料质量轻、造价低，坚固耐用，不易堵塞，有足够的力学强度，对于气、液两相介质都有良好的化学稳定性等。

4. 区分不同换热器的特点和适用范围

喷淋式蛇管换热器。多用作冷却器，与沉浸式蛇管换热器相比，便于检修和清洗、传热效果较好，缺点是喷淋不易均匀。

套管式换热器构造较简单，能耐高压，传热面积可根据需要而增减，双方的流体可做严格的逆流。缺点是管间接头较多，易发生泄漏；单位换热器长度具有的传热面积较小。在需要传热面积不太大而要求压强较高或传热效果较好时，宜采用套管式换热器。

列管式换热器目前应用最广泛。在高温、高压的大型装置上多采用列管式换热器。

固定管板式热换器。结构简单，造价低廉，壳程不易检修和清洗，因此壳方流体应是较洁净且不易结垢的物料。当两流体的温差较大时，应考虑热补偿。

U 形管换热器。管子的两端固定在同一块管板上，每根管子都可以自由伸缩。结构较简单，质量轻，适用于高温和高压场合。管内清洗比较困难，管板的利用率差。

浮头式换热器。管束可从壳体中抽出，便于清洗和检修，应用较为普遍，但结构较复杂，金属耗量较多，造价较高。

填料函式列管换热器。在一些温差较大、腐蚀严重且需经常更换管束的冷却器中应用较多，其结构较浮头简单，制造方便，易于检修清洗。

5.内浮顶储罐的特点

内浮顶储罐。与浮顶罐比较，有固定顶，绝对保证储液的质量；可减少蒸发损失，减少空气污染，降低着火爆炸危险，特别适合于储存高级汽油和喷气燃料及有毒的石油化工产品；可减少罐壁罐顶的腐蚀，延长储罐使用寿命；在密封相同情况下，与浮顶相比可以进一步降低蒸发损耗。与拱顶罐相比，钢板耗量比较多，施工要求高；与浮顶罐相比，维修不便，储罐不易大型化，目前一般不超过 $10000m^3$。

6.各类油罐的施工方法选定

各类油罐的施工方法选定 m^3

油罐类型	施工方法			
	水浮正装法	抱杆倒装法	充气顶升法	整体卷装法
拱顶油罐	—	100～700	1000～20000	—
无力矩顶油罐	—	100～700	1000～5000	—

续表

油罐类型	施工方法			
	水浮正装法	抱杆倒装法	充气顶升法	整体卷装法
浮顶油罐	3000～50000	—	—	—
内浮顶油罐	—	100～700	1000～5000	—
卧式油罐	—	—	—	各种容量

7. 金属油罐试验方法的选用

金属油罐严密性试验：罐底用真空箱试验法或化学试验法；罐壁采用煤油试漏法；罐顶用煤油试漏或压缩空气试验法。

8. 区分不同类型球罐的特点

球形罐与立式圆筒形储罐相比，在相同容积和相同压力下，球罐的表面积最小，所需钢材面积少；在相同直径情况下，球罐壁内应力最小，承载能力比圆筒形容器大 1 倍；球罐的板厚只需相应圆筒形容器壁板厚度的一半，可大幅度节省钢材；球罐占地面积较小，基础工程量小，可节省土地面积。

9. 区分球罐的拼装方法及适用范围

分片组装法。施工准备工作量少，组装速度快、应力小、精度易于掌握，不需要很大的吊装机械及施工场地。需要夹具多，对全位置焊接技术要求高，焊工施焊条件差，劳动强度大。分片组装法适用于任意大小球罐的安装。

环带组装法。能保证纵缝的焊接质量，组装时需用的加固支撑较多；占用场地大；需较大的吊装机械，环缝组装产生较大的应力。环带组装法适用于中、小球罐的安装。

施工中较常用的是分片组装法和环带组装方法。

10. 球罐的焊后热处理及整体热处理目的

球罐焊后热处理可以释放残余应力，改善焊缝塑性和韧性；消除焊缝中的氢根，改善焊接部位的力学性能。对于厚度大于 32mm 的高强度钢、厚度大于 38mm 的其他低合金钢、锻制凸缘与球壳板的对接焊缝，焊后应立即进行热消氢处理。

整体热处理的目的。消除由于球罐组焊产生的应力，稳定球罐几何尺寸，改变焊接金相组织，提高金属的韧性和抗应力能力，防止裂纹、延迟裂纹产生，提高耐疲劳强度与蠕变强度。我国对壁厚大于34mm的球罐都采用整体热处理。

11. 球罐焊缝的无损探伤

对接焊缝应100％进行射线探伤和超声波探伤；选择100％射线探伤，对球壳板厚度大于38mm的焊缝还应作超声波探伤复检，复检长度不应小于所探焊缝总长的20％；选择100％超声波探伤，应对探伤部位作射线探伤复检。

球罐对接焊缝的内外表面应在耐压试验前进行100％的磁粉探伤或渗透探伤。如需焊后热处理，则应在热处理前探伤。

水压试验后复查不得小于焊缝全长的20％。复查部位包括全部T形接头及每个焊工各个焊接位置的对接焊缝和各种角焊缝。

12. 球罐水压试验的要求

水压试验压力应为设计压力的1.25倍。

试验用水应为清洁的工业用水，对碳素钢和16MnR钢制球罐水温不得低于5℃；其他低合金钢球罐试压用水温度不得低于15℃。

球罐经水压试验合格后要再进行一次磁粉探伤或渗透探伤；排除表面裂纹及其他缺陷后，再进行气密性试验。

13. 区分不同类型气柜的特点

低压湿式气柜构造简单，易于施工，煤气压力波动大，土建基础费用高，冬季耗能大，检修时产生大量污水，寿命只有约10年。

低压干式气柜基础费用低，占地少，运行管理和维修方便，维修费用低，无大量污水产生，煤气压力稳定，寿命可长达30年。大容量干式气柜在技术与经济两方面均优于湿式气柜。低压干式气柜内部有活塞。

14. 气柜安装质量检验要求

气柜施工过程中，气柜壁板所有对焊焊缝均应经煤油渗透试验；下水封的焊缝应进行注水试验。

气柜底板的严密性试验可采用真空试漏法或氨气渗漏法。

气柜总体试验。气柜施工完毕，进行不少于 24h 的注水试验，预压基础并检查水槽的焊接质量。

钟罩、中节的气密试验和快速升降试验。目的是检查各中节、钟罩在升降时的性能和各导轮、导轨、配合及工作情况、整体气柜密封的性能。

15. 工艺金属结构件的种类

设备框架、管廊柱子、桁架结构、联合平台；设备支架、梯子、平台；漏斗、料仓、烟囱；火炬及排气筒。

塔式火炬及排气筒经常被采用。火炬筒及排气筒可用钢板、无缝钢管、不锈钢管制成。塔架为碳钢材料。

16. 火炬及排气筒的制作和安装要求

厚度大于 14mm 的钢板，应 100％进行超声波检查，表面用磁粉探伤检查；塔柱上、下纵向焊缝应错开，间距不得小于 200mm；塔柱对接焊缝用超声波 100％检查，如有可疑点，再用 X 射线按焊缝总数的 25％复查；塔架通常涂过氯乙烯漆防腐。

17. 静置设备无损检测的适用范围

射线检测不适用于锻件、管材、棒材的检测，也不适用于 T 形焊接接头、角焊缝以及堆焊层的检测。

超声检测通常能确定缺陷的位置和相对尺寸，适用范围广。

磁粉检测通常能确定表面和近表面缺陷的位置、大小和形状，适用于铁磁性材料，不适用非铁磁性材料的检测。

渗透检测通常能确定表面开口缺陷的位置、尺寸和形状，不适用多孔性材料的检测。

涡流检测适用于导电金属材料和焊接接头表面和近表面缺陷的检测。

18. 静置设备工程计量

整体塔器安装计量单位"台"。其工作内容包括：塔器安装；吊耳制作、安装；塔盘安装；设备填充；压力试验；清洗、脱脂、钝化；灌浆。

气柜制作安装、火炬及排气筒制作安装均以"座"为计量单位。

三、经典题型

1.【2014-30】该塔突出的优点是结构简单、金属耗量小、总价低，主要缺点是操作弹性范围较窄、小孔易堵塞，此塔为（　　）。

A. 泡罩塔　　　B. 筛板塔　　　C. 喷射塔　　　D. 浮阀塔

【答案】B

【解析】见要点释义2。

2.【2018-56】根据金属油罐的不同结构，选用不同的施工方法，以下各类油罐可选择"抱杆倒装法"施工的有（　　）。

A. 拱顶油罐600m^3　　　　　　B. 无力矩顶油罐700m^3

C. 内浮顶油罐1000m^3　　　　D. 浮顶油罐3500m^3

【答案】AB

【解析】见要点释义6。

3.【2015-32】组装速度快，组装应力小，不需要很大的吊装机械和太大的施工场地，适用任意大小球罐拼装，但高空作业量大。该组装方法是（　　）。

A. 分片组装法　　　　　　　　B. 拼大片组装法

C. 环带组装法　　　　　　　　D. 分带分片混合组装法

【答案】A

【解析】见要点释义9。

4.【模拟题】每根管子都可以自由伸缩，结构较简单，质量轻，适用于高温和高压场合，但管内清洗比较困难，管板的利用率差的是（　　）。

A. 固定管板式热换器　　　　　B. U形管换热器

C. 浮头式换热器　　　　　　　D. 填料函式列管换热器

【答案】B

【解析】见要点释义 4。

5.【模拟题】有关球罐质量检验，说法正确的是（　　　）。

A. 对接焊缝应 100％进行射线探伤和超声波探伤

B. 球罐应在热处理后进行探伤

C. 水压试验压力应为设计压力的 1.5 倍

D. 水压试验合格前后均需进行磁粉探伤或渗透探伤

【答案】AD

【解析】见要点释义 11、12。

第六章　电气和自动化控制工程

第一节　电气工程

一、主要知识点及考核要点

序号	知识点	考核要点
1	变电所工程包含的内容	变电所工程各部分的作用
2	建筑物及高层建筑物变电所	建筑物及高层建筑物变电所的变压器及断路器设置要求
3	高压断路器	不同类别高压断路器的特点和用途
4	高压隔离开关与高压负荷开关	高压隔离开关与高压负荷开关的区别
5	互感器	区分电流互感器与电压互感器的特点及使用注意事项
6	避雷器	氧化锌避雷器的特点及用途
7	高压开关柜	高压开关柜的类型、特点及适用范围
8	低压变配电设备	各种低压变配电设备的分类及用途
9	变压器安装	变压器安装要求
10	避雷器安装	避雷器安装要求
11	漏电保护器的安装	漏电保护器的安装要求
12	母线安装	母线安装要求
13	电缆安装	电缆安装要求
14	建筑物的防雷分类	区分建筑物的防雷等级

序号	知识点	考核要点
15	防雷系统安装方法及要求	避雷网、避雷针、引下线、均压环的安装要求
16	接地系统安装	接地极制作安装要求、户外接地母线敷设要求
17	电气设备基本试验	区分电气设备基本试验方法的特点
18	电气工程计量	电气工程计量规则

二、要点释义

1. 变电所工程各部分的作用

高压配电室的作用是接收电力；变压器室的作用是把高压电转换成低压电；低压配电室的作用是分配电力；电容器室的作用是提高功率因数；控制室的作用是预告信号。这五个部分作用不同，需要安装在不同的房间。其中低压配电室则要求尽量靠近变压器室。

2. 建筑物及高层建筑物变电所的变压器及断路器设置要求

建筑物及高层建筑物变电所是民用建筑中经常采用的变电所形式，变压器一律采用干式变压器，高压开关一般采用真空断路器，六氟化硫断路器。一般不采用少油断路器。

3. 不同类别高压断路器的特点和用途

高压断路器的作用是通断正常负荷电流，并在电路出现短路故障时自动切断电流，保护高压电线和高压电器设备的安全。少油断路器、真空断路器和六氟化硫断路器目前应用较广。

高压真空断路器。有落地式、悬挂式、手车式三种形式。真空断路器的特点是体积小、质量轻、寿命长，能频繁操作，开断电容电流性能好，可连续多次重合闸，且运行维护简单。在35kV 配电系统及以下电压等级中处于主导地位。

SF_6 断路器体积小、质量轻、寿命长、能进行频繁操作、可连续多次重合闸、开断能力强、燃弧时间短、运行中无爆炸和燃烧的可能、噪声小，且运行维护简单，检修周期一般可达 10 年，价格比较高。适用于需频繁操作及有易燃易爆危险的场所，要求加工精度高，对其密封性能要求更严。

4. 高压隔离开关与高压负荷开关的区别

高压隔离开关主要功能是隔离高压电源，以保证其他设备和线路的安全检修。断开后有明显可见的断开间隙且绝缘可靠，没有专门的灭弧装置，不允许带负荷操作。可用来通断一定的小电流，如励磁电流不超过 2A 的空载变压器、电容电流不超过 5A 的空载线路以及电压互感器和避雷器等。

高压负荷开关与隔离开关一样，具有明显可见的断开间隙。高压负荷开关具有简单的灭弧装置，能通断一定的负荷电流和过负荷电流，但不能断开短路电流，结构比较简单，适用于无油化、不检修、要求频繁操作的场所。

高压断路器可以切断工作电流和事故电流；负荷开关能切断工作电流，但不能切断事故电流；隔离开关只能在没电流时分合闸。送电时先合隔离开关，再合负荷开关，停电时先分负荷开关，再分隔离开关；高压熔断器主要功能是对电路及其设备进行短路和过负荷保护。

5. 区分电流互感器与电压互感器的特点及使用注意事项

互感器使仪表和继电器标准化，降低仪表及继电器的绝缘水平，简化仪表构造，保证工作人员的安全，避免短路电流直接流过测量仪表及继电器的线圈。

电流互感器的一次绕组匝数少且粗，有的型号没有一次绕组；二次绕组匝数很多，导体较细。一次绕组串接在一次电路中，二次绕组与仪表、继电器电流线圈串联，形成闭合回路，电流线圈阻抗很小，工作时电流互感器二次回路接近短路状态。在工作时二次绕组侧不得开路且有一端必须接地。

电压互感器由一次绕组、二次绕组、铁芯组成。一次绕组并联在线路上，一次绕组匝数较多，二次绕组的匝数较少，相当于降低变压器。二次回路中，仪表、继电器的电压线圈与二次绕组并联，线圈的阻抗很大，工作时二次绕组近似于开路状态。电压互感器在工作时，其一、二次绕组侧不得短路；电压互感器二次绕组侧有一端必须接地。

6. 氧化锌避雷器的特点及用途

氧化锌避雷器由于具有良好的非线性、动作迅速、残压低、通流容量大、无续流、结构简单、可靠性高、耐污能力强等优点，在电站及变电所中得到了广泛的应用。

7. 高压开关柜的类型、特点及适用范围

手车式（移开式）开关柜与固定式开关柜相比，具有检修安全、供电可靠性高等优点，但其价格较高。

KYN系列高压开关柜。用于发电厂送电、电业系统和工矿企业变电所受电、配电、实现控制、保护、检测，还可以用于频繁启动高压电动机等。

JYN2-10型移开式交流金属开关设备作为发电厂变电站中控制发电机、变电站受电、馈电以及厂内用电的主要用柜，也适用于工矿企业为大型交流高压电动机的启动和保护。

8. 各种低压变配电设备的分类及用途

低压熔断器用于低压系统中设备及线路的过载和短路保护。无填料封闭管式低压熔断器主要型号有RM10、RM7，无限流特性。有填料封闭管式低压熔断器主要型号有RL系列、RT系列、RS系列，有限流特性。

低压断路器能带负荷通断电路，又能在短路、过负荷、欠压或失压的情况下自动跳闸。由触头、灭弧装置、转动机构和脱扣器等部分组成。万能式低压断路器，又称框架式自动开关，主要用作低压配电装置的主控制开关。

低压配电箱。动力配电箱主要用于对动力设备配电，兼向照明设备配电。照明配电箱主要用于照明配电，也可以给一些小容量的单相动力设备包括家用电器配电。安装方式有靠墙式、悬挂式和嵌入式等。

9. 变压器安装要求

室外安装。变压器、电压互感器、电流互感器、避雷器、隔离开关、断路器一般都装在室外。只有测量系统及保护系统开关柜、盘、屏等安装在室内。

柱上安装。变压器容量一般都在 320kV·A 以下，安装高度距地面 2.5m 以上。变压器外壳、中性点和避雷器三者合用一组接地引下线接地装置，接地极根数每组一般 2～3 根。

10. 避雷器安装要求

阀型避雷器应垂直安装，管型避雷器可倾斜安装，在多污秽地区安装时，还应增大倾斜角度。磁吹阀型避雷器组装时，其上下节位置应符合产品出厂的编号，切不可互换。

11. 漏电保护器的安装要求

漏电保护器应安装在进户线小配电盘上或照明配电箱内，安装在电能表之后，熔断器之前。对于电磁式漏电保护器，也可装于熔断器之后；所有照明线路导线，包括中性线在内，均须通过漏电保护器；电源进线必须接在漏电保护器的正上方，出线均接在下方；安装漏电保护器后，不能拆除单相闸刀开关或瓷插、熔丝盒等；漏电保护器在安装后带负荷分、合开关三次，不得出现误动作；再用试验按钮试验三次，应能正确动作；运行中的漏电保护器，每月至少用试验按钮试验一次。

12. 母线安装要求

低压母线支持点的距离不得大于 900mm，高压母线不得大于 700mm。低压母线垂直安装，且支持点间距无法满足要求时，应加装母线绝缘夹板。母线的连接有焊接和螺栓连接两种。母线的安装不包括支持绝缘子安装和母线伸缩接头的制作安装。焊接采用氩弧焊。

13. 电缆安装要求

1kV 以上的电缆要做直流耐压试验，1kV 以下的电缆用 500V 摇表测绝缘。

在三相四线制系统，必须采用四芯电力电缆，不应采用三芯电缆另加一根单芯电缆或电缆金属护套等作中性线的方式；并联运行的电力电缆，应采用相同型号、规格及长度的电缆；电缆敷设时，在电缆终端头与电源接头附近均应留有备用长度。直埋电缆尚应在全长上留少量裕度，并做波浪形敷设，以补偿运行时因热胀冷缩而引起的长度变化。

电缆在室外直接埋地敷设。埋设深度不应小于0.7m，经过农田的电缆埋设深度不应小于1m，埋地敷设的电缆必须是铠装并且有防腐保护层，裸钢带铠装电缆不允许埋地敷设。

电缆穿导管敷设。要求管道的内径等于电缆外径的1.5～2倍，管子的两端应做喇叭口。交流单芯电缆不得单独穿入钢管内。敷设电缆管时应有0.1％的排水坡度。

14. 区分建筑物的防雷等级

第一类防雷建筑物。制造、使用或贮存炸药、火药、起爆药、军工用品等大量爆炸物质的建筑物。

第二类防雷建筑物。国家级、大型等特别重要的建筑物及对国民经济有重要意义且装有大量电子设备的建筑物等。

第三类防雷建筑物。省级建筑物、预计雷击次数较大的工业建筑物、住宅、办公楼等一般民用建筑物。

15. 避雷网、避雷针、引下线、均压环的安装要求

避雷网沿支架敷设。所有防雷装置的各种金属件必须镀锌。水平敷设时支架间距为1m，转弯处为0.5m。

避雷针安装。烟囱上安装1～3根避雷针，在引下线离地面1.8m处加断接卡子，避雷针应热镀锌；在建筑物上安装时，避雷针与引下线之间采用焊接或热剂焊；引下线及接地装置使用的紧固件均应使用镀锌制品；装有避雷针的金属筒体，当其厚度不小于4mm时，可作避雷针的引下线，筒体底部应至少有2处与接地体对称连接；避雷针及其接地装置应采取自下而上的施工程序。

引下线可采用扁钢、圆钢或利用建筑物内的金属体。单独敷设时，必须采用镀锌制品。引下线沿外墙明敷时，宜在离地面1.5～1.8m处加断接卡子。暗敷时，断接卡可设在距地300～400mm的接地端子测试箱内。

当建筑物高度超过 30m 时，30m 以上设置均压环。建筑物层高≤3m 的每两层设置一圈均压环，层高大于 3m 的每层设置一圈均压环；均压环可利用圈梁的两条水平主钢筋，主筋小于 ϕ12mm 的，可用其四根水平主钢筋，用作均压环的圈梁钢筋应用同规格的圆钢接地焊接，没有圈梁的可敷设 40mm×4mm 扁钢作为均压环；用作均压环的圈梁钢筋或扁钢应与避雷引下线连接形成闭合回路；建筑物 30m 以上的金属门窗、栏杆等应用 ϕ10mm 圆钢或 25mm×4mm 扁钢与均压环连接。

16.接地极制作安装要求、户外接地母线敷设要求

常用的接地极为钢管接地极和角钢接地极。接地极垂直敷设时，一般长 2.5m，间距不宜小于其长度的 2 倍，通常为 5m。在土壤条件极差的山石地区采用接地极水平敷设，接地装置全部采用镀锌扁钢，所有焊接点处均刷沥青。接地电阻应小于 4Ω，超过时，应补增接地装置的长度。

户外接地母线敷设。大部分采用埋地敷设；接地线的连接采用搭接焊，搭接长度是：扁钢为宽度的 2 倍；圆钢为直径的 6 倍；圆钢与扁钢连接时，其长度为圆钢直径的 6 倍。

17.区分电气设备基本试验方法的特点

泄漏电流的测试与绝缘电阻测试相比的特点：试验电压比兆欧表高得多，能发现一些尚未贯通的集中性缺陷；有助于分析绝缘的缺陷类型；泄漏电流测量用的微安表要比兆欧表精度高。

直流耐压试验与交流耐压试验相比，具有试验设备轻便、对绝缘损伤小和易于发现设备的局部缺陷等优点。

交流耐压试验。能有效地发现较危险的集中性缺陷，是鉴定电气设备绝缘强度最直接的方法，是保证设备绝缘水平、避免发生绝缘事故的重要手段。

介质损耗因数 tanδ 测试。可以很灵敏地发现电气设备绝缘整体受潮、劣化变质以及小体积设备贯通和未贯通的局部缺陷。

电容比法可以检验纤维绝缘的受潮状态。

针式接地极的接地电阻应小于 4Ω；板式接地极的接地电阻不应大于 1Ω。如接地电阻不达标，应加"降阻剂"或增加接地极的数量或更换接地极的位置。

18. 电气工程计量规则

盘、箱、柜的外部进出线预留长度 m/根

序号	项目	预留长度	说明
1	各种箱、柜、盘、板、盒	高＋宽	盘面尺寸
2	单独安装的铁壳开关、自动开关、刀开关、启动器、箱式电阻器、变阻器	0.5	从安装对象中心算起

电缆敷设预留长度及附加长度

序号	项目	预留（附加）长度	说明
1	电缆敷设弛度、波形弯度、交叉	2.5％	按电缆全长计算
2	电缆进入建筑物	2.0m	规范规定最小值
3	电缆进入沟内或吊架时引上（下）预留	1.5m	规范规定最小值
4	变电所进线、出线	1.5m	规范规定最小值
5	电力电缆终端头	1.5m	检修余量最小值
6	电缆中间接头盒	两端各留 2.0m	检修余量最小值
7	电缆进控制、保护屏及模拟盘、配电箱等	高＋宽	按盘面尺寸
8	高压开关柜及低压配电盘、箱	2.0m	盘下进出线
9	电缆至电动机	0.5m	从电动机接线盒算起

接地母线、引下线、避雷网附加长度 m

项目	附加长度	说明
接地母线、引下线、避雷网附加长度	3.9％	按接地母线、引下线、避雷网全长计算

配线进入箱、柜、板的预留长度　　m/根

序号	项目	预留长度	说明
1	各种开关箱、柜、板	高＋宽	盘面尺寸
2	单独安装（无箱、盘）的铁壳开关、闸刀开关、启动器、线槽进出线盒等	0.3	从安装对象中心算起
3	由地面管道出口引至动力接线箱	1.0	从管口计算

三、经典题型

1.【2018-82】具有明显可见的断开间隙和简单的灭弧装置，能通断一定的负荷电流和过负荷电流，但不能断开短路电流。该电气设备是（　　）。

A. 高压断路器　　　　　　　B. 高压负荷开关

C. 高压隔离开关　　　　　　D. 高压熔断器

【答案】B

【解析】见要点释义 4。

2.【2016-85】电气线路工程中电缆穿钢管敷设，正确的做法为（　　）。

A. 每根管内只允许穿一根电缆

B. 要求管道的内径为电缆外径的 1.2～1.5 倍

C. 单芯电缆不允许穿入钢管内

D. 敷设电缆管时应有 0.1% 的排水坡度

【答案】ACD

【解析】见要点释义 13。

3.【2017-85】防雷接地系统避雷针与引下线之间的连接方式应采用（　　）。

A. 焊接连接　　　　　　　　B. 咬口连接

C. 螺栓连接　　　　　　　　D. 铆接连接

【答案】A

【解析】见要点释义 15。

4.【模拟题】以下属于 SF$_6$ 断路器特点的是（　　　）。

A. 不能进行频繁操作　　　　B. 运行维护复杂

C. 优良的电绝缘性能　　　　D. 价格较低

【答案】C

【解析】见要点释义 3。

5.【模拟题】漏电保护器安装符合要求的是（　　　）。

A. 照明线路的中性线不得通过漏电保护器

B. 电源进线必须接在漏电保护器的正下方

C. 安装漏电保护器后应拆除单相闸刀开关

D. 漏电保护器可装在照明配电箱内

【答案】D

【解析】见要点释义 11。

第二节　自动控制系统

一、主要知识点及考核要点

序号	知识点	考核要点
1	自动控制系统的组成	自动控制系统各环节的作用
2	自动控制系统的常用术语	区分自动控制系统的各类信号
3	温度传感器	区分不同温度传感器的特点及适用范围
4	压力传感器	区分不同压力传感器的原理及适用范围
5	流量传感器	区分不同流量传感器的特点及适用范围
6	调节装置	区分不同调节装置的适用范围
7	集散控制系统	集散控制系统的组成
8	现场总线控制系统	现场总线控制系统的特点及类型

序号	知识点	考核要点
9	温度检测仪表	区分不同温度检测仪表的特点及适用范围
10	压力检测仪表	区分不同压力检测仪表的特点及适用范围
11	流量检测仪表	区分不同流量检测仪表的特点及适用范围
12	压力传感器的安装	压力传感器的安装要求
13	电磁流量计的安装	电磁流量计的安装要求
14	涡轮式流量计的安装	涡轮式流量计的安装要求
15	电动调节阀的安装	电动调节阀的安装要求

二、要点释义

1. 自动控制系统各环节的作用

控制器。接收变换和放大后的偏差信号，转换为被控对象进行操作的控制信号。

放大变换环节。将偏差信号变换为适合控制器执行的信号。

校正装置。为改善系统动态和静态特性而附加的装置。

反馈环节。用来测量被控量的实际值，并经过信号处理，转换为与被控量有一定函数关系，且与输入信号同一物理量的信号。反馈环节一般也称为测量变送环节。

给定环节。产生输入控制信号的装置。

2. 区分自动控制系统的各类信号

输入信号。既包括控制信号又包括扰动信号。

反馈信号。将系统的输出信号经过变换、处理送到系统的输入端的信号称为反馈信号。若信号是从系统输出端取出送入系统输入端，则称主反馈信号。

偏差信号。控制输入信号与主反馈信号之差。

误差信号。是指系统输出量的实际值与希望值之差。在单位反馈情况下，希望值就是系统的输入信号，误差信号等于偏差信号。

3. 区分不同温度传感器的特点及适用范围

热电阻特性传感器。在高精度、高稳定性的测量回路中通常用铂热电阻材料的传感器；半导体的体电阻对温度的感受灵敏度特别高，在一些精度要求不高的测量和控制电路中得到充分应用。

热电势传感器。铂及其合金组成的热电偶价格最贵，精度高，性能稳定，宜在氧化及中性中使用；铜-康铜价格最便宜，但易氧化；镍铬-考铜的热电势最大，价格便宜，适用于还原性及中性；镍铬-镍硅的线性好，性能稳定，价格便宜，宜在氧化及中性中使用；半导体 PN 热电势传感器使用方便、工作可靠、价格便宜，且具有高精度的放大电路，适用于远距离传输。

4. 区分不同压力传感器的原理及适用范围

电阻式压差传感器是将测压弹性元件的输出位移变换成电阻的滑动触点的位移测量压力；电容式压差传感器最常见，在压力作用下产生位移→两个活动电极距离变化→平板电容器容量变化→转化成相应的电压或电流。

5. 区分不同流量传感器的特点及适用范围

节流式中的靶式流量计用于高黏度的流体，如重油、沥青等流量的测量，也适用于有浮黑物、沉淀物的流体。

速度式常用的是涡轮流量计。在涡轮前后均装有导流器和一段直管，入口直段的长度应为管径的 10 倍，出口长度应为管径的 5 倍。涡轮流量计线性好，反应灵敏，但只能在清洁流体中使用。光纤涡轮传感器具有重现性和稳定性能好，不受环境、电磁、温度等因素干扰，显示迅速，测量范围大的优点，缺点是只能用来测量透明的气体和液体。

容积式。通常有椭圆齿轮流量计，经常作为精密测量用，用于高黏度的流体测量。

电磁式。在管道中不设任何节流元件，可以测量各种黏度的导电液体，特别适合测量含有各种纤维和固体污物的腐体，对腐蚀性液体也适用。工作可靠、精度高、线性好、测量范围大，反应速度也快。

6. 区分不同调节装置的适用范围

比例调节。调节速度快，稳定性高，不容易产生过调节现象，缺点是调节过程最终有残余偏差。

积分调节。多用于压力、流量和液位的调节，不能用于温度调节。

比例积分-微分调节。调节器输出信号不仅与输入偏差信号大小有关，与偏差存在时间长短有关，还与偏差变化的速度有关。PID调节用在惯性滞后大的场合，如温度测量。

7. 集散控制系统的组成

集散控制系统由集中管理部分、分散控制部分和通信部分组成。集中管理部分主要由中央管理计算机与相关控制软件组成；分散控制部分主要由现场直接数字控制器及相关控制软件组成，用于对现场设备的运行状态、参数进行监测和控制；通信部分连接中央管理计算机与现场直接数字控制器，完成数据、控制信号及其他信息传递。

现场控制器通常设置在靠近控制设备的地方。应具有防尘、防潮、防电磁干扰、抗冲击、抗振动及耐高低温等恶劣环境的能力。

8. 现场总线控制系统的特点及类型

特点：系统的开放性、互操作性、分散的系统结构。现场总线控制系统的接线简单，一对双绞线可以挂接多个设备，既节省了投资，也减少了安装的工作量。

LonWorks总线采用了ISO/OSI模型的全部七层通信协议，采用了面向对象的设计方法，把单个分散的测量控制设备变成网络节点，通过网络实现集散控制。支持多种通信介质，被誉为通用控制网络。

9. 区分不同温度检测仪表的特点及适用范围

热电偶温度计用于测量各种温度物体，测量范围极大，适用于炼钢炉、炼焦炉等高温地区，也可测量液态氢、液态氮等低温物体。

热电阻温度计是中低温区最常用的一种温度检测器。测量精度高，性能稳定。铂热电阻的测量精确度最高，广泛应用于工业测温，且被制成标准基准仪。

用辐射温度计测量时不干扰被测温场，不影响温场分布，具有较高的测量准确度。理论上无测量上限。响应时间短，易于快速与动态测量。辐射测温场可以对核辐射场进行准确而可靠的测量。

10. 区分不同压力检测仪表的特点及适用范围

液柱式压力计用于测量低压、负压，被广泛用于实验室压力测量或现场锅炉烟、风通道各段压力及通风空调系统各段压力的测量，结构简单，使用、维修方便，但信号不能远传；弹性式压力计可与电测信号配套制成遥测遥控的自动记录仪表与控制仪表；电气式压力计可将被测压力转换成电量进行测量，多用于压力信号的远传、发信或集中控制，和显示、调节、记录仪表联用，则可组成自动控制系统。

远传压力表是弹簧管受压后的位移变换转化成滑线电阻器上电阻值的变化，可把被测值以电量传至远离测量的二次仪表上，以实现集中检测和远距离控制。能就地指示压力，便于现场工作检查。适用于测量对钢及铜合金不起腐蚀作用介质的压力。

电接点压力表利用被测介质压力对弹簧管产生位移，借助拉杆经齿轮传动机构的传动并予放大。

隔膜式压力表专门供石油、化工、食品等生产过程中测量具有腐蚀性、高黏度、易结晶、含有固体状颗粒、温度较高的液体介质的压力。

11. 区分不同流量检测仪表的特点及适用范围

玻璃管转子流量计。结构简单、维修方便、精度低，不适用于有毒性介质及不透明介质，属面积式流量计。

电磁流量计只能测导电性流体，是一种无阻流元件，精确度高、直管段要求低，可以测量含有固体颗粒或纤维的液体，以及腐蚀性和非腐蚀性液体。

涡轮流量计精度高、重复性好、结构简单、运动部件少、耐高压、测量范围宽，体积小、质量轻、压力损失小、维修方便，用于封闭管道中测量低黏度气体的体积流量。

椭圆齿轮流量计。精度较高、计量稳定，不适用于含有固体颗粒的液体，属容积式流量计。用于精密的连续或间断的测量管道中液体的流量或瞬时流量，特别适合于重油、聚乙烯醇、树脂等黏度较高介质的流量测量。

12. 压力传感器的安装要求

水管压力传感器不宜在焊缝及其边缘上开孔和焊接安装；开孔与焊接应在工艺管道安装时同时进行，必须在工艺管道的防腐和试压前进行；水管压力传感器宜选在管道直管部分，不宜选在管道弯头、阀门等阻力部件的附近、水流流束死角和振动较大的位置；应加接缓冲弯管和截止阀。

13. 电磁流量计的安装要求

电磁流量计应安装在直管段；前端应有 $10D$（D 代表管道直径）的直管段，后端应有 $5D$ 的直管段；传感器前后的管道中安装有阀门和弯头等影响流量平稳的设备，则直管段的长度还需相应增加；电磁流量计安装在流量调节阀的前端。

14. 涡轮式流量计的安装要求

涡轮式流量计应水平安装；应安装在直管段，前端应有 $10D$（D 代表管道直径）的直管，后端应有 $5D$ 的直管段；如传感器前后的管道中安装有阀门和弯头等影响流量平稳的设备，则直管段的长度还需相应增加；应安装在便于维修并避免管道振动的场所。

15. 电动调节阀的安装要求

电动调节阀和工艺管道同时安装，管道防腐和试压前进行；应垂直安装于水平管道上，尤其对大口径电动阀不能有倾斜；一般安装在回水管上；阀旁应装有旁通阀和旁通管路。

三、经典题型

1.【2018-88】要求灵敏度适中、线性好、性能稳定、价格便宜，在氧化及中性环境中测温，应选择的热电偶为（　　）。

A. 铂铑$_{10}$-铂热电偶　　　　B. 镍铬-考铜热电偶

C. 镍铬-镍硅热电偶　　　　D. 铜-康铜热电偶

【答案】C

【解析】见要点释义3。

2.【2020-90】某温度计，测量时不干扰被测温场，不影响温场分布，从而具有较高的测量准确度。具有在理论上无测量上限的特点，该温度计是（　　）。

A. 辐射温度计　　　　B. 热电偶温度计

C. 热电阻温度计　　　　D. 双金属温度计

【答案】A

【解析】见要点释义9。

3.【2018-90】椭圆齿轮流量计具有的特点有（　　）。

A. 不适用于黏度较大的液体流量测量

B. 不适用于含有固体颗粒的液体流量测量

C. 测量精度高、计量稳定

D. 属面积式流量计

【答案】BC

【解析】见要点释义11。

4.【模拟题】用于测量低压、负压的压力表，被广泛用于实验室压力测量或现场锅炉烟、风通道各段压力及通风空调系统各段压力的测量。该压力表是（　　）。

A. 液柱式压力表　　　　B. 远传压力表

C. 电接点压力表　　　　D. 隔膜式压力表

【答案】A

【解析】见要点释义10。

5.【模拟题】有关电磁流量计安装，说法正确的是（　　）。

A. 应安装在直管段

B. 流量计的前端应有长度为 5D 的直管段

C. 安装有阀门和弯头时直管段的长度需相应减少

D. 应安装在流量调节阀后端

【答案】A

【解析】见要点释义 13。

第三节　通信设备及线路工程

一、主要知识点及考核要点

序号	知识点	考核要点
1	网络传输介质及选型	双绞线、同轴电缆、光缆的传输及安装特点
2	网络设备及选型	不同网络设备的用途及选型
3	有线电视接收系统	有线电视系统组成及有线电视信号的传输
4	卫星接收系统	卫星接收系统组成及功能
5	电话通信系统安装	电话通信系统安装包括的内容
6	建筑物内通信配线原则	建筑物内通信配线原则的内容
7	建筑物内通信配线电缆	建筑物内通信配线电缆安装要求
8	建筑物内用户线	建筑物内用户线安装要求
9	光电缆敷设的一般规定	光电缆敷设的一般规定
10	管道光电缆敷设	不同管道光缆敷设要求
11	电缆接续	电缆接续的顺序及接续的内容
12	通信工程计量规则	通信工程计量规则

二、要点释义

1. 双绞线、同轴电缆、光缆的传输及安装特点

屏蔽式双绞线适用于网络流量较大的高速网络协议应用。双绞线用于星形网的布线连接，两端安装有 RJ-45 头，连接网卡与

集线器，最大网线长度为 100m，在两段双绞线之间最多可安装 4 个中继器连 5 个网段，最大传输范围可达 500m。

同轴电缆粗缆传输距离长，性能好但成本高、网络安装、维护困难，一般用于大型局域网的干线，连接时两端需终接器。

同轴电缆的细缆。与 BNC 网卡相连，两端装 50Ω 的终端电阻。用 T 形头，T 形头之间最小 0.5m。细缆网络每段干线长度最大为 185m，每段干线最多接入 30 个用户。如采用 4 个中继器连接 5 个网段，网络最大距离可达 925m。细缆安装较容易，造价较低，但日常维护不方便，一旦一个用户出故障，便会影响其他用户的正常工作。

光纤的电磁绝缘性能好、信号衰小、频带宽、传输速度快、传输距离大。主要用于要求传输距离较长、布线条件特殊的主干网连接。

2. 不同网络设备的用途及选型

网卡是主机和网络的接口，用于提供与网络之间的物理连接。

网络规模较大，或者网络应用较复杂，则可采用光纤接口的千兆位网卡。服务器集成的网卡通常都是兼容性的 10/100/1000Mbps 双绞线以太网网卡。

无线局域网网卡选择。台式机工作站中通常选用 PCI 或者 USB 接口的无线局域网网卡，对于笔记本用户可以选择 PCM-CIA 和 USB 两种接口类型的无线局域网网卡。

集线器（HUB）是对网络进行集中管理的重要工具，是各分支的汇集点。HUB 实质是一个中继器，主要功能是对接收到的信号进行再生放大，以扩大网络的传输距离。选用 HUB 时，与双绞线相连需要有 RJ-45 接口；与细缆相连需要有 BNC 接口；与粗缆相连需要有 AUI 接口；与长距离局域网相接需要有光纤接口。

交换机是网络节点上话务承载装置、交换级、控制和信令设备以及其他功能单元的集合体。交换机能把用户线路、电信电路和其他要互连的功能单元根据单个用户的请求连接起来。在大中型网络中，核心和骨干层交换机都要采用三层交换机。

路由器具有判斯网络地址和选择 IP 路径的功能，能在多网络互联环境中建立灵活的连接，可用完全不同的数据分组和介质访问方法连接各种子网。属网络层的一种互联设备。

服务器是指局域网中运行管理软件以控制对网络或网络资源进行访问的计算机，并能够为在网络上的计算机提供资源使其犹如工作站进行操作。服务器侦听网络上的其他计算机提交的服务请求，并提供相应的服务。

防火墙主要由服务访问规则、验证工具、包过滤和应用网关组成。防火墙可以是一种硬件、固件或者软件，如专用防火墙设备是硬件形式的防火墙，包过滤路由器是嵌有防火墙固件的路由器，而代理服务器等软件就是软件形式的防火墙。

3. 有线电视系统组成及有线电视信号的传输

有线电视系统一般由天线、前端装置、传输干线和用户分配网络组成。

前端设备的作用是把经过处理的各路信号进行混合，把多路电视信号转换成一路含有多套电视节目的宽带复合信号，然后经过分支、分配、放大等处理后变成高电平宽带复合信号，送往干线传输分配部分的电缆始端。

干线传输系统。均衡器通过对各种不同频率的电信号的调节来补偿扬声器和声场的缺陷；分配器是把一路信号等分为若干路信号的无源器件；分支器是分出一少部分到支路，主要输出仍占信号的主要部分。

闭路电视系统中大量使用同轴电缆。光缆传输电视信号损耗小、频带宽、传输容量大、频率特性好、抗干扰能力强、安全可靠，是有线电视信号传输技术手段的发展方向。采用多成分玻璃纤维制成的光导纤维，性能价格比好，目前广泛使用。

4. 卫星接收系统组成及功能

卫星电视接收系统由接收天线、高频头和卫星接收机组成。

接收天线与高频头为室外单元设备，卫星接收机为室内单元设备。

高频头作用是将卫星天线收到的微弱信号进行放大，并且变频到后放大输出。

功分器是把经过线性放大器放大后的第一中频信号均等地分成若干路，以供多台卫星接收机接收多套电视节目，实现一个卫星天线能够同时接收几个电视节目或供多个用户使用。

5. 电话通信系统安装包括的内容

电话通信系统安装一般包括数字程控用户交换机、配线架、交接箱、分线箱（盒）及传输线等设备器材安装。目前，用户交换机与市电信局连接的中继线一般均用光缆，建筑内的传输线用性能优良的双绞线电缆。

6. 建筑物内通信配线原则的内容

建筑物内通信配线设计宜采用直接配线方式，当建筑物占地体型和单层面积较大时可采用交接配线方式。

建筑物内通信配线电缆应采用非填充型铜芯铝塑护套市内通信电缆（HYA），或采用综合布线大对数铜芯对绞电缆。

建筑物内竖向（垂直）电缆配线管允许穿多根电缆，横向（水平）电缆配线管应一根电缆配线管穿放一条电缆。

通信电缆不宜与用户线合穿一根电缆配线管，配线管内不得合穿其他非通信线缆。

7. 建筑物内通信配线电缆安装要求

通信配线电缆宜敷设多条普通 HYA 型 0.5mm 线径的铜芯市话电缆，或敷设多条综合布线大对数铜芯电缆。

建筑物内分线箱内接线模块宜采用普通卡接式或旋转卡接式。当采用综合布线时，分线箱内接线模块宜采用卡接式或 RJ45 快接式接线模块。

建筑物内普通市话电缆芯线接续应采用扣式接线子，不得使用扭绞接续。电缆的外护套分接处接头封合宜冷包为主，亦可采用热可缩套管。

8. 建筑物内用户线安装要求

建筑物内普通用户线宜采用铜芯 0.5mm 或 0.6mm 线径的对绞用户线，亦可采用铜芯 0.5mm 线径的平行用户线。

居民住宅楼的每户普通用户线不宜少于 2 对。

电话线路保护管，最小标称管径不小于 15mm，最大不大于 25mm。一根保护管最多布放 6 对电话线。

有特殊屏蔽要求的电缆或电话线，应穿钢管敷设，并将钢管接地。

暗装墙内的电话分线箱安装高度宜为底边距地面 0.5～1.0m。

电话出线盒的安装高度，底边距地面宜为 0.3m。

9. 光缆敷设的一般规定

光缆的弯曲半径不应小于光缆外径的 15 倍，施工过程中应不小于 20 倍。

布放光缆的牵引力不应超过光缆允许张力的 80%。瞬间最大牵引力不得超过光缆允许张力的 100%，主要牵引力应加在光缆的加强芯上，牵引端头与牵引索之间应加入转环。

10. 不同管道光缆敷设要求

在施工环境较好的情况下采用机械牵引方法敷设光缆；一次机械牵引敷设光缆的长度一般不超过 1000m；受牵引的每个人孔、手孔处应安排人员值守，光缆入孔处、出孔处、转弯处等容易损伤光缆的受力点应采用防护措施。

管道内缆线复杂，采用人工牵引方法敷设光缆；在每个人孔内安排 2～3 人进行人工牵引，中间人孔不得发生光缆扭曲现象。

硅芯管管道采用气吹法敷设光缆。

11. 电缆接续的顺序及接续的内容

拗正电缆→剖缆→编排线序→芯线接续前的测试→接续（包括模块直接、模块的芯线复接、扣式接线子的直接、扣式接线子的复接、扣式接线子的不中断复接）→接头封合。

12. 通信工程计量规则

光缆接续计量单位是"头"；光缆成端接头计量单位是

"芯"；光缆中继段测试计量单位是"中继段"；电缆芯线接续、改接计量单位是"百对"。电缆全程测试计量单位是"百对"。

三、经典题型

1.【2016-92】集线器是对网络进行集中管理的重要工具，是各分支的汇集点。集线器选用时要注意接口类型，与双绞线连接时需要具有的接口类型为（　　）。

A. BNC 接口　　　　　　　　B. AUI 接口

C. USB 接口　　　　　　　　D. RJ-45 接口

【答案】D

【解析】见要点释义 2。

2.【2018-92】具有判断网络地址和选择 IP 路径的功能，能在多网络互联环境中建立灵活的连接，可用完全不同的数据分组和介质访问方法连接各种子网。该网络设备是（　　）。

A. 交换机　　　B. 路由器　　　C. 网卡　　　D. 集线器

【答案】B

【解析】见要点释义 2。

3.【2017-94】建筑物内普通市话电缆芯线接续，应采用的接续方法为（　　）。

A. 扭绞接续　　　　　　　　B. 旋转卡接式

C. 普通卡接式　　　　　　　D. 扣式接线子

【答案】D

【解析】见要点释义 7。

4.【模拟题】有线电视干线传输系统中，通过对各种不同频率的电信号的调节来补偿扬声器和声场缺陷的是（　　）。

A. 均衡器　　　B. 放大器　　　C. 分支器　　　D. 分配器

【答案】A

【解析】见要点释义 3。

5.【模拟题】电话通信建筑物内用户线安装符合要求的是（　　）。

A. 电话线路保护管的最大标称管径不大于 15mm

B. 一根保护管最多布放 6 对电话线

C. 暗装墙内的电话分线箱宜为底边距地面 0.5～1.0m

D. 电话出线盒的底边距地面宜为 0.5m

【答案】BC

【解析】见要点释义 8。

第四节 建筑智能化工程

一、主要知识点及考核要点

序号	知识点	考核要点
1	建筑智能系统的构成	区分建筑智能系统的组成和功能
2	常用入侵探测器	区分入侵探测器的特点和适用范围
3	闭路监控的组成和特点	闭路监控的组成和特点
4	闭路监控系统信号的传输	不同闭路监控系统信号传输方式的特点
5	出入口控制系统的组成	区分门禁系统和前端设备
6	身份辨识技术及智能卡应用系统	各种身份辨识技术及智能卡应用系统的特点
7	访客对讲系统	不同访客对讲系统的应用范围
8	火灾报警系统的组成	火灾报警系统各部分的设备组成
9	办公自动化的层次结构	区分办公自动化的层次结构
10	综合布线系统及其网络结构	综合布线系统的内容及其网络结构图
11	综合布线系统的子系统	综合布线系统各子系统的构成

续表

序号	知识点	考核要点
12	综合布线系统的传输媒介	综合布线系统的传输媒介的类型及特点
13	连接件	区分连接件与非连接件
14	信息插座	不同信息插座的传输速度与适用范围
15	综合布线系统设计	综合布线系统各模块的功能
16	水平布线子系统	水平布线子系统的线缆长度限制
17	垂直干线子系统	垂直干线子系统的安装要求
18	楼层配线间交接设备配线架	区分楼层配线间交接设备配线架

二、要点释义

1. 区分建筑智能系统的组成和功能

智能建筑系统由上层的智能建筑系统集成中心（SIC）和下层的三个智能化子系统构成。智能化子系统包括楼宇自动化系统（BAS）、通信自动化系统（CAS）和办公自动化系统（OAS）。三个子系统通过综合布线（PDS）系统连接成一个完整的智能化系统，由 SIC 统一监管。

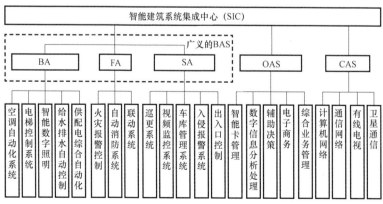

智能楼宇系统组成和功能示意图

2. 区分入侵探测器的特点和适用范围

点型入侵探测器。如开关入侵探测器、振动入侵探测器。

直线型入侵探测器。被动红外入侵探测器的抗噪能力较强，噪声信号不会引起误报，用在背景不动或防范区域内无活动物体的场合；主动红外探测器体积小、质量轻、便于隐蔽，采用双光路的主动红外探测器可大大提高其抗噪访误报的能力，主动红外探测器寿命长、价格低、易调整，广泛使用在安全技术防范工程中；激光入侵探测器十分适合于远距离的线控报警装置。

面型入侵探测器。有平行线电场畸变探测器、带孔同轴电缆电场畸变探测器。

空间入侵探测器。声入侵探测器是常用的空间防范探测器；次声探测器通常只用来作为室内的空间防范；其他空间入侵探测器还包括超声波、微波、视频运动探测器。

3. 闭路监控的组成和特点

闭路监控电视系统一般由摄像、传输、控制、图像处理和显示组成。基带传输不需要调制、解调，设备花费少，传输距离一般不超过 2km。频带传输经过调制、解调，可以长距离传输，能实现多路复用的目的，提高了通信线路的利用率。

解码器属于现场设备，可以完成对摄像机镜头及全方位云台的总线控制，有的还能对摄像机电源的通/断进行控制。

4. 不同闭路监控系统信号传输方式的特点

传输距离较近时采用信号直接传输，传输距离较远时采用射频、微波、光纤、计算机局域网传输；射频传输常用在同时传输多路图像信号而布线相对容易的场所；光纤传输的高质量、大容量、强抗干扰性、安全性是其他传输方式不可比拟的；互联网传输是将图像信号与控制信号作为一个数据包传输。

5. 区分门禁系统和前端设备

门禁系统一般由管理中心设备（控制软件、主控模块、协议转换器等）和前端设备（含门禁读卡模块、进/出门读卡器、电控锁、门磁开关及出门按钮）组成。其中，主控模块是系统中央处理单元，连接各功能模块和控制装置，具有集中监视、管理、系统生成以及诊断等功能。

门禁控制系统是一种典型的集散型控制系统。监视、控制的现场网络是一种低速、实时数据传输网络，实现分散的控制设备、数据采集设备之间的通信连接；信息管理、交换的上层网络由各相关的智能卡门禁工作站和服务器组成，完成各系统数据的高速交换和存储。

6. 各种身份辨识技术及智能卡应用系统的特点

身份确认技术有：人体生理特性识别（如指纹、视网膜、人脸识别）、代码识别（如身份证号码、开锁密码）、卡片识别（如磁卡、射频卡、IC卡、光卡）。

采用生理特性进行身份确认，无携带问题，具有很高的安全性，效果好。但技术复杂，系统需要存储容量大，设备费用大，一般用在安防要求特高的场所。

IC卡存储容量大，存储区域多达 $8\sim16$ 个，每个区域相互独立，可自带密码，多重双向的认证保证了系统的安全性。IC卡被广泛地应用在出入口控制、停车场管理等系统中。

7. 不同访客对讲系统的应用范围

直按式容量较小，适用于多层住宅；拨号式容量很大，能接几百个住户终端；联网型楼宇对讲系统是将大门口主机、门口主机、用户分机以及小区的管理主机组网，实现集中管理。

8. 火灾报警系统各部分的设备组成

火灾报警系统的设备包括火灾探测器、火灾报警控制器、联动控制器、火灾现场报警装置（包括手动报警按钮、声光报警器、警笛、警铃）、消防通信设备（包括消防广播、消防电话）。

传感元件是探测器的核心。按设备对现场信息采集原理分为离子型、光电型、线性探测器；按设备在现场的安装方式分为点式、缆式、红外光束探测器；按探测器与控制器的接线方式分为总线制和多线制。

9. 区分办公自动化的层次结构

事务型办公系统。常用的办公事务处理的应用可做成应用软件包，包内的不同应用程序之间可以互相调用或共享数据，以提高办公事务处理的效率。

信息管理型办公系统。是第二个层次，要求必须有供本单位各部门共享的综合数据库。

决策支持型办公系统（即综合型办公系统）。是第三个层次，建立在信息管理级办公系统的基础上。

事务型和信息管理型办公系统是以数据库为基础的。决策支持型办公系统除需要数据库外，还要有其领域的专家系统，该系统可以模拟人类专家的决策过程来解决复杂的问题。

10. 综合布线系统的内容及其网络结构图

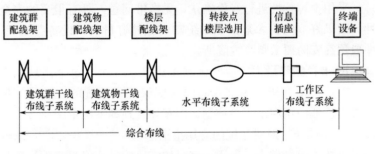

综合布线系统原理图

建筑群配线架、建筑物配线架和建筑物的网络设备属于设备间布线子系统，楼层配线架和建筑物楼层网络设备属于管理布线子系统。信息插座与终端设备之间的连线或信息插座通过适配器与终端设备之间的连线属于工作区布线子系统。

综合布线系统最常用的是分级星形网络拓扑结构。重要的综合布线系统工程设计中采取分集连接方法，即分散和集中相结合的连接方式。

11. 综合布线系统各子系统的构成

从建筑群配线架到各建筑物配线架属于建筑群干线布线子系

统。该子系统包括建筑群干线电缆、建筑群干线光缆及其在建筑群配线架和建筑物配线架上的机械终端和建筑群配线架上的接插软线和跳接线。建筑群干线子系统宜采用光缆，语音传输也选用大对数电缆。

从建筑物配线架到各楼层配线架属于建筑物干线布线子系统（垂直干线子系统）。该子系统包括建筑物干线电缆、建筑物干线光缆及其在建筑物配线架和楼层配线架上的机械终端与建筑物配线架上的接插软线和跳接线。建筑物干线电缆、建筑物干线光缆应直接端接到有关的楼层配线架，中间不应有转接点或接头。

从楼层配线架到各信息插座属于水平布线子系统。该子系统包括水平电缆、水平光缆及其在楼层配线架上的机械终端、接插软线和跳接线。水平电缆、水平光缆一般直接连接到信息插座。必要时，楼层配线架和每个信息插座之间允许有一个转接点。

工作区布线子系统是用接插软线把终端设备或通过适配器把终端设备连接到工作区的信息插座上。

12. 综合布线系统的传输媒介的类型及特点

综合布线系统常用的传输媒介有双绞线和光缆。

非屏蔽线缆质量轻、体积小、弹性好和价格适宜，使用较多，但其抗外界电磁干扰的性能较差，安装时因受牵拉和弯曲，易破坏其均衡绞距。

屏蔽缆线具有防止外来电磁干扰和防止向外辐射的特性，但质量重、体积大、价格高且不易施工。

推荐采用 $50\mu m/125\mu$ 或 $62.5\mu m/125\mu m$ 光纤。要求较高的场合也可用 $8.3\mu m/125\mu m$ 突变型单模光纤。一般 $62.5\mu m/125\mu m$ 光纤使用较多，因其具有光耦合效率较高、纤芯直径较大，施工安装时光纤对准要求不高，配备设备较少，光缆在微小弯曲或较大弯曲时，传输特性不会有太大改变。

13. 区分连接件与非连接件

连接件包括配线设备（配线架）、交接设备（配线盘）、分线设备（电缆分线盒、光纤分线盒）。不包括局域网设备、终端匹

[""]

配电阻、阻抗匹配变量器、滤波器和保护器件。

14. 不同信息插座的传输速度与适用范围

超 5 类信息插座模块支持 622Mbps 信息传输，适合语音、数据、视频应用，可安装在配线架或接线盒内，一旦装入即被锁定。

光纤插座模块支持 1000Mbps 信息传输，适合语音、数据、视频应用，凡能安装"RJ45"信息插座的地方，均可安装"FJ"型插座。

8 针模块化信息插座是为所有的综合布线推荐的标准信息插座。

适配器是一种使不同尺寸或不同类型的插头与信息插座相匹配，提供引线的重新排列，把电缆连接到应用系统的设备接口的器件。

15. 综合布线系统各模块的功能

水平、垂直和建筑群干线布线子系统担任数据、语音、图像和控制等信号的传输；设备间和楼层管理区完成对数据、图像等信号的存储、分配、交换和管理；工作区则是完成布线网络与终端设备的信号交换。

16. 水平布线子系统的线缆长度限制

水平布线子系统水平电缆最大长度为 90m，这是楼层配线架到信息插座之间的电缆长度。另有 10m 分配给工作区电缆、设备电缆、光缆和楼层配线架上的接插软线或跳线。其中，接插软线或跳线的长度不应超过 5m。

在楼层配线架与信息插座之间设置转接点，最多转接一次。

水平布线子系统并非一定是水平的布线。配线架到最远的信息插座距离要小于 100m。

17. 垂直干线子系统的安装要求

垂直干线子系统并非一定是垂直的布线，系统中信息的交接最多 2 次，布线走向应选择干线线缆最短、最安全和最经济的路由。建筑群配线架到楼层配线架间的距离不应超过 2000m，建筑物配线架到楼层配线架的距离不应超过 500m。

信息传输速率为 100Mbps 时，垂直干线子系统采用 5 类双绞电缆布线距离不宜超过 90m；采用 $62.5\mu m/125\mu m$ 多模光纤传输距离为 2km。采用单模光缆时传输最大距离为 3km。

垂直干线子系统的电缆通常选用 25 对、50 对、100 或 300 对的大对数电缆。光纤通常用 4 芯、6 芯多模光纤。在校园网、智能小区中如干线距离太长，也可以选用 4 芯、6 芯单模光纤。

为了保证网络安全可靠，垂直干线线缆与楼层配线架的连接应首先选用点对点端连接方法。为了节省投资费用，可用分支递减连接方法。

18. 区分楼层配线间交接设备配线架

组合式可滑动配线架属于光缆配线架。

电缆配线架类型有：模块化系列配线架和 110 系列配线架。110A 交接系统可以应用于所有场合，特别适应信息插座比较多的建筑物。一个完整的 110 交接系统包括 110 系列配线架、110C 连接块和带有标签的标签夹。

三、经典题型

1.【2020-96】建筑物内，能实现对供电、给排水、暖通、照明消防安全防范等监控的系统为（　　）。

A. 建筑自动化系统（BAS）　　B. 通信自动化系统（CAS）

C. 办公自动化系统（OAS）　　D. 综合布线系统（PDS）

【答案】A

【解析】见要点释义 1。

2.【2017-97】能够封锁一个场地的四周或封锁探测几个主要通道，还能远距离进行线控报警，应选用的入侵探测器为（　　）。

A. 激光入侵探测器　　　　　　B. 红外入侵探测器

C. 电磁感应探测器　　　　　　D. 超声波探测器

【答案】A

【解析】见要点释义 2。

3. 【2020-100】综合布线由若干子系统组成，关于建筑物干线子系统布线，说法正确的有（　　）。

A. 从建筑物的配线架到各楼层配线架之间的布线属于建筑物干线布线子系统

B. 建筑物干线电缆应直接端接到有关楼层配线架，中间不应有转接点或接头

C. 从建筑群配线架到各建筑物的配线架之间的布线属于该子系统

D. 该系统包括水平电缆、水平光缆及其所在楼层配线架上的机械终端和跳线

【答案】AB

【解析】见要点释义 11。

4. 【模拟题】以下属于综合布线系统连接件的为（　　）。

A. 配线架　　　　　　　　　B. 局域网设备

C. 光纤分线盒　　　　　　　D. 终端匹配电阻

【答案】AC

【解析】见要点释义 13。

5. 【模拟题】有关信息插座，说法正确的是（　　）。

A. 光纤插座模块支持 622Mbps 信息传输

B. 8 针模块化信息插座是为所有的综合布线推荐的标准信息插座

C. 综合布线系统终端设备可以通过接插软线与信息插座相连

D. 终端设备的信号接口与标准的信息插座不符时需通过适配器相连

【答案】BCD

【解析】见要点释义 14。